守望者
The Catcher

技术哲学讲演录

JI SHU ZHE XUE JIANG YAN LU

吴国盛　著

中国人民大学出版社
·北京·

前　言

2007 年 4 月，我应东南大学大学生文化素质教育基地的陆挺先生邀请，在东南大学讲过一次“技术的人文本质”；次年，他进一步邀请我就技术哲学的同一主题连续做了三次讲演。正是这四次讲演的内容，构成了本书的主体。

我们的时代是一个技术的时代，技术对于今日政治、经济、文化有着惊人的、不可思议的决定性影响，但技术却不是传统哲学关注的核心问题，因而从未得到深入而全面的反思。人们对于技术的看法，相当程度上仍然囿于技术中性论和人类中心论，认为技术只是人手中随意摆弄的工具；技术的后果很严重，但根子仍然在人。然而，人又是什么？人性何以构成？简单地把技术问题归为人的问题，实际上掩盖了问题。技术的问题仍然要从对技术本身的细致反思中找到答案。但是，传统

我们的时代是一个技术的时代，技术对于今日政治、经济、文化有着惊人的、不可思议的决定性影响，但技术却不是传统哲学关注的核心问题，因而从未得到深入而全面的反思。

传统哲学没有为反思技术提供相应的概念框架，因此我们迫切需要一个基础的技术哲学架构。

哲学没有为反思技术提供相应的概念框架，因此我们迫切需要一个基础的技术哲学架构。

我过去一直从事科学思想史特别是像自然、宇宙、时间、空间这些基本概念的历史研究，上世纪 90 年代中后期，从做博士论文开始才关注技术哲学。2001 年我的论文《技术与形而上学——沿着海德格尔的思路》被评为全国优秀博士论文，次年获得了优秀博士论文的专项资金资助，于是开始了“现代西方技术哲学研究”的课题研究工作。从那时起，我比较系统地阅读了西方的技术哲学著作，思考如何建构一套基础性的技术哲学理论框架。这个工作显然非常困难，目前形成的许多想法还不够成熟，因此尚未写成正式的论文。但这些远未成熟的想法，却在过去两年来的多次学术讲演中被激发和表达出来了。

我应邀做学术讲演通常并无事先准备好的讲稿，我很喜欢海德格尔所说的那种“当场发生”。这个“场”是由讲演者和听众共同营造的，而东南大学的同学们以及东南大学的文化素质教育基地总是为我准备好了这个良好的“场域”。每次讲座，四百人的大教室总是挤得满满的；在我开讲的时候，同学们通过眼神、面部表情以及其他身体语言与我交流，让我感受到他们的专注、理解、喜悦和迷茫；在最后的互动问答时，他们积极提问，帮助我澄清自己的思想和表述，并进一步扩展问题的提法和思路。他们在讲堂上的积极参与，令我觉得讲演其实也是一种愉快的思想对话和相互启发。在这本讲演集结集出版的时候，我对东南大学的同学们以及负责组织工作的陆挺先生表示感谢。

讲演其实也是一种愉快的思想对话和相互启发。

把讲演这种口头表达转化为书面表达，肯定会在相当程度上削弱那种当场发生的生动性和鲜活感。我要请读者们原谅在不同场合下的几次讲演可能存在的内容重复之处，我也恳请读者、行家对这些很不成熟的思考予以批评。再次感谢提供现场录音稿的诸位同学，感谢人大出版社李艳辉博士的支持以及责任编辑胡明峰、杨宗元认真细致的工作。

本书系“全国优秀博士学位论文作者专项资金资助项目”之成果，项目批准号200102。

吴国盛

2009年3月5日

于京郊博雅西园

目　录

技术的人文本质*

很高兴在五年之后再次来到东南大学。今天我为大家讲演的题目是"技术的人文本质"，实际上是在追问"什么是技术"。这个问题有一定的难度。通常人们把技术只看做是工具，看做是手段，所以技术往往带有一些贬义的意思。比如我们责怪他人只讲手段不重目标时，就说"你这是技术思维、技术逻辑"。长此以往，我们做技术工作的人，也不一定能够真正认识到我们的技术对于我们的人生、对于我们的生存方式究竟意味着什么。所以今天，我试图发掘一下技术的人文含义，把近几年的一些想法、一些思考跟大家交流一下。

我们做技术工作的人，也不一定能够真正认识到我们的技术对于我们的人生、对于我们的生存方式究竟意味着什么。

我想分两部分讲，第一部分从一般的角度讲"什么是技术"，第二部分以现代技术为例进一步阐释"什么是技术"。

什么是技术

(一) 技术是人的存在方式

什么是技术？我先给出一个一般的形式定义：**技术是人的**

---

* 2007 年 4 月 16 日在东南大学国家大学生素质教育基地主办的"人文大讲座"的讲演，这里的文字根据东南大学王梦、胡秀娟、游奇伟、李福建等同学提供的现场录音稿整理而成。

我们往往是从人与动物的区别中理解人是什么。

存在方式。人是什么意思？我们总是要从一个角度切入问题。我们往往是从人与动物的区别中理解人是什么。人和动物的区别首先表现在人是一个会制造和使用工具的动物，这是一个常见的关于人的定义。一部人类的史前史，是根据工具来划分的，比如旧石器时代、新石器时代、青铜时代、黑铁时代，等等。这里面讲的都是工具，工具本身能够标志历史，这意味着什么呢？意味着工具创造历史，工具标志历史。所以，从历史上看，从人类的起源看，“技术是人的存在方式”这个讲法是可以成立的。

把技术与人的存在方式放在一起就意味着，你如何理解技术就会如何理解人。

把技术与人的存在方式放在一起就意味着，你如何理解技术就会如何理解人。反过来也一样，有什么样的人性理想，就有什么样的技术理念。当我们对技术产生一种错误的理念的时候，往往是我们把人本身看错了。当我们把人看做机器的时候，我们的技术往往就变成机械的动作，就获得了贬义的含义。

我们需要考虑一下，人为什么需要一个存在方式。大家知道，所有的动物都谈不上存在方式。它的存在按照它的本能，按照自然界为它已经安排好的、给定的、既定的方式进行。但是人不一样，人有存在方式。“存在方式”的意思是说，人会更换这种存在方式，动物没有这种可能性。你让一个老虎去飞——老虎当然很厉害，是百兽之王，但这是它做不到的，所以也从来没有一个人要求让老虎长翅膀。当然我们有“如虎添翼”这样的讲法，但这么讲往往是认为“老虎长翅膀”是不可能的，所以才说“如虎添翼”。

人为什么有存在方式呢？首先的一个原因是，人是一种没有本质的动物。人没有本质，也就是说人没有先天的规定性。在希腊神话里有一个很有名的神话叫普罗米修斯的神话，大家都听说过。他是一个盗火者，从天国盗来了火。其实，他盗来了很多东西，除了火之外，还盗来了工具，盗来了技术，从此人类过上了文明的生活。但是，普罗米修斯为什么要给人类盗火、盗工具呢？这个你们可能不大清楚。这个完整的神话应该还包括爱比米修斯的神话。爱比米修斯和普罗米修斯俩人是兄弟，当年神造了万物之后，就派爱比米修斯给每一个物种分配一个本质，分配一个固有的能力。结果，这个爱比米修斯疏忽了，没计算好，把手上那些本质都给分光了，分到人的时候没有了。这就麻烦了。所有的动物都有自己的本质——有些动物皮毛比较厚，所以它适合在寒冷的地区生活；有些动物跑得比较快；有的动物牙齿比较尖利；等等。每个动物都有一个本质，这个本质使得它生活起来一点都不费劲，不像人那么艰难。人生在世确实是很艰难的，动物却没有这么困难。动物不需要任何设备、任何工具，它就生活得很好。人为什么不行呢？人缺乏一个先天的本能。这种缺失是人类技术的一个真正起源。所以我们说，爱比米修斯的这个失误，或者说过失，或

人为什么有存在方式呢？首先的一个原因是，人是一种没有本质的动物。人没有本质，也就是说人没有先天的规定性。

人类的先天本能的缺失，是我们技术的真正起源。

者说人类的先天本能的缺失，是我们技术的真正起源。

普罗米修斯是他的兄弟啊，按当时的规定，他负责检查本质的分配情况。他检查到人这儿发现没东西，那怎么办呢？没办法，所以普罗米修斯只好从上天偷了些东西交给人类，技术就是这么来的。这个神话讲的，其实表达了技术起源的真正奥秘，它起源于人类本身的一种缺失状态。人因为自己没有本质，没有自己固有的存在方式，所以他需要获取一种存在方式。技术作为人的存在方式，是在这个意义上说的。

技术一开始就不是一个可有可无的东西，没有不存在技术的文明史。

于是乎，技术一开始就不是一个可有可无的东西，没有不存在技术的文明史。一部文明史基本上首先是一部技术史。我们经常要考察各种各样的文明形态，其实在所有的文明形态里，你可以没有高级的宗教，可以没有高级的政治制度，没有高级的经济制度，可以没有一切被我们称为文化的制度，但是唯有技术这一项都少不了。为什么？因为那是人类最基本的规定性。所以，对技术的研究是对人的理解的一个关键环节。

但非常可惜的是，技术这个关键环节长期以来被哲学的主流所忽视——技术哲学至今还是一个新鲜的学科。为什么呢？这有几个原因。第一个原因，技术是一个“自我隐蔽”的东西。什么意思呢？举个例子，在座有不少戴眼镜的同学。这个眼镜呢，当它正常地发挥作用的时候，它往往是不被我们眼睛所看到的，所以越是好的、合适的眼镜，眼睛越是看不见它。

如果你的眼睛能看见眼镜的话，就说明你的眼镜有问题了。所以，技术在它正当地发挥作用的时候它是“自我隐蔽”的。同样，所有的人体器官都有这个问题。我们的胃，我们的大脑，我们的器官一刻不停地在工作，但是我们一般感觉不到它们的存在。我们感觉不到胃的存在；只有胃坏了、胃疼了，有胃病的时候，我们才感觉得到它。所以，技术的那种自我隐蔽性或者说透明性导致了技术处于一种自我遮蔽状态，因此很多人觉得技术不重要。比如我们经常问“你这是原则性的还是技术性的?”言下之意就是说原则性的东西是重要的，技术性的东西是可有可无的。所以我们的主流学术总认为技术性的东西是细节，是旁枝末节。当然现在大家慢慢地知道，细节决定生命。这个说法其实很深刻，从哲学上说就是，技术决定人的存在。宏大叙事的那个东西往往并不起决定作用。这是第一个原因。

技术的那种自我隐蔽性或者说透明性导致了技术处于一种自我遮蔽状态，因此很多人觉得技术不重要。

第二个原因就是，一部西方学术的历史，或者说西方科学或哲学的历史，是一部理论学术的历史，是讲理的历史。为什么是讲理的历史呢?从希腊开始，西方学术传统就不去追究我们的外在操作方式，它只注重内在的理路。我们做科学研究的都知道，科学是讲道理的，道理是内在的、演绎的、证明的、推理的。在推理、证明和演绎的过程中，它是可以不诉诸外部经验的。它是在自身内部进行，在思路、理路里面走。而且，思想被认为是构成人的一个根本条件。从希腊以来就一直有一个主流，要去思考人的本质是什么。这是一个很大的误区，但这个误区又是非常伟大的，人类的思想往往是行走在一个一个"伟大的误区"之中。思考只有小误区和大误区之分，是不可能没有误区的，你每走一步都有误区。这个伟大的误区是什么呢？它赋予人类一个本质，认为思想是人的本质。法国作家帕斯卡对此讲得很好，他说人就像一棵芦苇一样，非常脆弱，一滴水就可以把他压弯。人是很渺小的，但他又说，这是一棵会思想的芦苇，人因着他的思想而获得他的尊严，获得自己的伟大。所以呢，西方思想的主流一直是把思想作为人类根本的本质。苏格拉底说，一个"未经省察的生活是不值得过的"，也就是说，一个没有进行过反省的生活、没有反思的生活是不值得过的。反思本身构成生活意义的来源。整个希腊以来的西方科学的历史、哲学的历史、主流学术的历史都认为思想是人的本质，是人区别于动物的一个根本标准。亚里士多德就说，人是有理性的动物。有"理性"构成了人之为人的一个判断标准。但是近代以来，这个标准也在慢慢地改变。美国的开国领袖，也是一个科学家，叫富兰克林，他就认为人是一个会使用工具的动物，是作为 tools user 的 animal。马克思也是赞成这个看法的。不管"使用工具的动物"也好，理性的动物也好，它都试图赋予人一个本质。不管这个本质是思想，还是使用工具。这就是哲学上所谓的本质主义。

西方思想的主流一直是把思想作为人类根本的本质。

不管"使用工具的动物"也好，理性的动物也好，它都试图赋予人一个本质。不管这个本质是思想，还是使用工具。这就是哲学上所谓的本质主义。

这个本质主义在现代遭到了挑战。什么是理性？有没有一个共同的、普遍的理性？西方的理性和东方的理性是不是一样？资产阶级的理性和无产阶级的理性是不是一样？穷人的理性和富人的理性是不是一样？所以，有“谁的理性，何种理性”的问题出现，对传统理性的颠覆企图已经出现。与此相关联的是，人的本质问题重新浮出水面。人究竟有没有本质？我似乎已经表明了我的态度：人的本质是自我构建出来的，他没有一个先天的本质。这个“构建自我本质”的重要环节就是工具、就是技术，所以技术问题开始在现代慢慢地进入我们的视野范围。特别是在今天，许多哲学家开始把“隐蔽和彰显”这样一对范畴作为哲学的中心范畴，技术问题才开始堂而皇之地进入现代思想的一个中心领域。在过去，尽管技术成为人类生活的基本部分，但它向来没有成为精致的文化。技术都是一些工匠和下层社会的人做的事情，上流社会从来不屑于谈技术。“君子动口不动手。”但是现代人开始意识到，技术比我们过去想象的要深刻得多。这是我们做的一个铺垫、一个引子。

在今天，许多哲学家开始把“隐蔽和彰显”这样一对范畴作为哲学的中心范畴，技术问题才开始堂而皇之地进入现代思想的一个中心领域。

（二）“技术中性论”是有问题的

下面第二个问题，是要讨论传统的“技术中性论”。它是怎么出来的？它究竟存在哪些问题？

大家都知道，广泛流行的看法是科学技术是价值中立的。“价值中立”的意思是说，有人用技术干坏事，干坏事的这个人要负责任，而他采用的技术本身没有责任，或者为其提供技术的这个人本身没有责任，这叫“技术的中性论”。就是说技术是价值中性的：原子弹虽然是我造的，可不是我扔的。我是只管造不管扔，负责任的是扔原子弹的人。实际上，有些人之所以能够心安理得地制造毁灭性武器，也是因为他认为技术的东西是价值中性的，是不应该不必要负责任的。但是，这个观点在第二次世界大战以后慢慢被人们质疑，特别是当核武器真的造出来了、真的扔下去了的时候，它的严重后果迫使科学家们开始反省这个事情。人们逐步觉得，过去广为流传的这个“技术中性论”恐怕是有问题的。

所有的刀都指向它的切割功能，这是刀的意向结构。由于有这个意向结构，你一使用刀，就意味着你要进行切割活动，虽然你可以切割动物也可以切割植物，可以切割活的动物也可以切割死的动物。

“技术中性论”的问题在哪里呢？举一个主张技术中性论的人喜欢举的例子：一把切菜刀，可以切菜也可以杀人；你要是拿一把切菜刀去杀人，这责任不能在刀啊，刀是中性的。这个讲法似乎是有道理的，但是，它的主要问题是忽略了刀这种工具的意向结构。什么是刀的意向结构？所有的刀都指向它的切割功能，这是刀的意向结构。由于有这个意向结构，你一使用刀，就意味着你要进行切割活动，虽然你可以切割动物也可以切割植物，可以切割活的动物也可以切割死的动物。正因为刀有这样一种意向结构，因此它经常被列为凶器，公安机关也经常收缴刀具。其实所有的工具都有个意向结构。一个锤子，它的意向结构就是砸。在一个拿锤子的人眼中，世界就是个钉子。他与世界打交道的方式，就是砸。如果你老带着刀的话，那么用刀就很可能成为你的存在方式，遇事用刀来解决问题。有些粗犷的游牧民族经常带着刀，平时吃肉用刀，切西瓜也用刀，跟人吵架的时候也用这把刀，用刀说话，不用嘴讲废话。当然，嘴也是工具，但是它们的“意向结构”是不一样的。

考虑到技术的意向结构，我们就知道，所谓技术是中性的，只能在很局限的意义上讲。因为任何意向结构，都包含着特定的价值取向。由技术的意向结构所规定的这种价值取向，我们也称作技术的逻辑。不照着某种技术的意向结构所指定的方式去做事情，我们说这是不合技术逻辑。技术的逻辑会迫使你去做某些事情，因此在这个意义上，技术就不是中性的。“技术中性论”恰恰是忽略了工具的意向结构。这个意向结构的理论是近一百年才慢慢开展出来的。我们过去看一样东西，容易把这个东西看死，不知道每个东西本身都散发着意向性的光辉。任何一件事物都有其特定的意向指向。

考虑到技术的意向结构，我们就知道，所谓技术是中性的，只能在很局限的意义上讲。因为任何意向结构，都包含着特定的价值取向。由技术的意向结构所规定的这种价值取向，我们也称作技术的逻辑。

为什么事物的“意向性”有这样一个消失和发现的过程呢？这和我们近代科学有关系。近代科学的一个基本特征是扫除希腊人的目的论解释系统。整个希腊科学，都是目的论的科学。它把我们的世界以及世界上的事物看做一系列由目的导引着的存在之链。高级动物不用说是有目的的，植物也是有目的的。目的是 telos，teleology 就是目的论。我们每个人都有意向性——你想干吗呀，你想到哪儿去啊，这都是目的论的讲法。动物也有目的性，一只小狗就想把那个骨头叼过来，你让它叼，那就符合它的目的；不让它叼，就阻止了它实现自己的目的。植物也有目的，一棵小树苗意欲成为一棵参天大树，这就是它的目的。对亚里士多德来说，甚至一块石头从天上往地下掉这件事情，也是目的论的。亚里士多德在他的《物理学》那本书里，给出了一整套关于地面上物体运动目的的解释。简单说来，他有一个“天然处所”的概念，认为每一种物质都有自己的“天然处所”。世界由四种元素构成：土、水、气、火。土的天然位置在底下，火在上面，气在火的底下，水在土的上面。一块石头，它的主要元素是土构成的，所以它的“天然处所”是在地面上，它之所以从高处往下掉，原因是它必须回到自己的天然处所，也就是要“回家”。重物下落的过程，在亚里士多德看来，本质上是一个回到天然处所的目的论过程。

近代以来的科学彻底地否弃了希腊人的目的论。从伽利略开始，科学从研究这个 why 转向了那个 how。目的论是关于 why 的学问：你为什么要往那边走啊，因为那是我家呀；你为什么到食堂去啊，因为我要吃饭啊；这个石头为什么掉下来呀，它也要回家啊，它家在地上。这是目的论解释。近代科学不承认有 why 的问题——why 的问题或者是个伪问题，或者是不可解的问题——他要研究那个 how，怎么样运动，如何运动，而不研究为什么。所以，近代从伽利略以来——伽利略被称为近代科学之父，原因也在于此——改变了科学的目标。

这样一种目的论世界体系的解体，导致了“世界的去意义化、去价值化”。反映在技术哲学领域，就是“技术中性论”。世界自身的“意义结构”消失了，物的意向结构被否定。如果说人工产品有指向的话，那也是人赋予它的。人成了一切意义的来源，一切意向性的来源；刀本身没有意向性结构。这是“目的论科学的退场”和近代数学化科学登场造成的一个必然后果。也就是说，这个世界图景导致我们彻底忽视了工具自身固有的意向结构，因此导致“技术中性论”。

这样一种目的论世界体系的解体，导致了“世界的去意义化、去价值化”。反映在技术哲学领域，就是“技术中性论”。

（三）技术是构造人和世界的环节

在破除了“技术中性论”之后，我们来讲第三个方面，即技术是人的自我构造和世界构造的一个环节。刚才我们讲过，人是没有本质的，人是通过技术来进行自我构造的。我们也讲了，这个世界实际上也是通过技术构造出来的。所以下面我就要讲一讲，人的世界构造和人的自我构造是如何通过技术这个环节来完成的。

首先讲人的自我构造。人的自我构造首先是身体的自我构造。通常人们谈到技术，总是指一些工具、设备。其实，人的最基本的工具、最基本的技术是我们的身体技术。身体技术也是一个被忽视了很久的东西。一个原因就是近代哲学把心和物

人的自我构造首先是身体的自我构造。

给分开了，把身体和心灵给分开了，身心是二元的。人的本质在于心，而身体这一部分呢，好像没什么可讲的。身体被认为是羞耻的，被认为是羞于见人的。对身体本身的压抑是一个重要的现象，而这其实已经就是身体技术了。我们要穿衣服，这是对身体的一种修饰，遮羞是人类在自我塑造的过程中做的第一件事情。我们知道原始人，脸上都是涂得花里胡哨的，头上插个羽毛，身上纹个什么东西。这些东西我们现在看来很好笑。其实呢，这是人类对自己做的第一件事情，他在自我塑造的时候首先是塑造自己的身体。

人生下来之后和动物不一样，不能马上像成人那样地活动。人类的婴儿有一个漫长的受教育时期。从生物学上讲，人类都是“早产儿”。人类的直立行走对于女性的骨盆是有要求的，太宽了就不好走路了。可是这种骨盆的限度与这个人类大脑的急剧发展有严重的冲突。结果就是，只有早产才能解决这个冲突。生物学家曾经做过一个研究，发现像人类这样的大脑脑量，大概需要 21 个月怀胎才行，可是直立行走的人类女性的骨盆没法分娩出这样足月怀出来的孩子，因为头太大了。结果是，现存的人类都是九月怀胎，都是“早产儿”。所谓人类先天的缺陷，有这样一个生物学上的根据。人类生物学上的缺陷是与生俱来的，他刚生下来不能做任何事情，人类的婴儿是完全无助的，在很长一段时间里完全没有办法独立生活。人类的这种先天缺

人类的这种先天缺失，导致了他很大一部分能力是在后天自我塑造出来的。

失，导致了他很大一部分能力是在后天自我塑造出来的。

人类身体的塑造是人类自我塑造的第一件事情。比如说，婴儿刚生下时眼睛是看不远的。为什么看不远，倒不是眼睛有毛病，而是我们人类的眼睛需要在一种活动的过程中来学会对焦，在动态的过程中慢慢来把我们的眼睛长全了。我们手眼之间的协调也是学习、训练的结果。初生婴儿的手并不是想指哪就指哪的，他要慢慢训练它，使手眼协调，最终眼疾手快。进一步，人体所有的器官都是通过自己的后天活动规训出来的。正是因为如此，我们才能有意义地谈论人的风度、举止做派，我们才能说这个人一看就知道是好人、这个人一看就是坏人。因为我们身体是被规训出来的，从身体本身透露出很多信息，很多并非动物身体的信息。从一个动物的面相上，你是看不出好坏的，你不能一看就知道是一条好狗还是坏狗。而人不一样，他的身体揭示了他的自我。

在人的身体的成型过程中，伴随着心灵的成型。认为身体不重要的人经常说，要追求心灵美，外表不重要。这个是鬼话，谁相信这一点呢？谁不愿意娶一个漂亮的姑娘，女孩子们谁不愿意找一个有风度的男孩？如果身体真的不代表一个人的自我，那这种追求岂不是很荒谬、很无聊吗？然而，一代又一代的青年男女的追求，充分说明了身体本身绝不是一般所想象的那样单薄、无内容，而是有着丰富深刻的内涵。好的风度和身体携带着大量生活世界的信息。

气质没有经年累月的训练是出不来的，但这个训练不是刻意为之，而是和他的生活方式、生活世界有关。身体携带着大量生活世界的信息。

人类的自我规范首先从身体开始。人类通过对身体本身进行控制，来表达控制的一般理念、一般模式。控制身体是人类的一个基本功。一个人如果对自己的身体不能有效控制的话，那就不是一个健全的人。如果他的身体控制模式，不适合文明世界，那么我们会说这人不适合在文明世界生存，是个野蛮人。现在很热，但你不能想脱就脱，那不行，得看这是什么场合；或者在图书馆的自习室，你大声嚷嚷，那不行。这个身体的活动本身受制于整个生活世界的逻辑，而且在这个生活世界逻辑的导引之下，每个人都按照自己认为恰当的方式对自己的身体进行塑造。自我塑造首先是身体的塑造，这里面内容很多，我们今天只做一个简单的概述。

每个人的眼睛都是含情的，都是有情绪的，非常有底蕴的。没有一只眼睛是空洞的，空洞的眼睛本身也是一种底蕴，不可能有一种完全没有内容的空洞的眼睛。

下面说说知觉的塑造。我们过去在机械唯物主义影响之下，认为人就是个照相机，是个自然之镜，执行反射的功能，好像我们的眼睛就是空洞的。其实不是。每个人的眼睛都是含情的，都是有情绪的，非常有底蕴的。没有一只眼睛是空洞的，空洞的眼睛本身也是一种底蕴，不可能有一种完全没有内容的空洞的眼睛。就算是空洞，本身就是一种底蕴，表示他绝望，他灰心丧气，表示他的冷漠，等等。所以我们说，没有表情那是最严酷的一种表情，在知觉的问题上，我们的眼睛从来不是空洞的，我们的知觉从来不是反射镜。

知觉的形成过程也是一个人类自我塑造的过程。不同的文化、不同的历史时期，会产生不同的知觉方式。有一幅很有名的画，用来进行心理学测试的，有的人看出是一个老太太，有的人看出是一个小姑娘。为什么会这样？这是因为知觉里面有你的背景和你的情绪，知觉的构成是很复杂的。知觉的构建过程，是和身体构建结合在一起的。过去因为不重视身体，因此就不知道知觉实际上是与身体相关的。比如说我们关于上下左右的空间概念，实际上首先是一个身体的知觉概念。如果我们人类，不是直立行走的动物的话，那么我们就很难有明确的上下概念。由于人的这种直立的本性，导致“头脑”所处的空间位置跟着头脑本身的重要而变得特别重要。由头在高处、足在低处，结果衍生了一批关于上下的引申义。比如说你是“上头”来的，你是“上”级，你是在“上”流社会，等等。为什么这个“上”就那么好呢？这跟我们人类直立行走的状态有关系。人类的三维空间概念，实际上跟我们的身体状况是有关系的。

人类的三维空间概念，实际上跟我们的身体状况是有关系的。

人的自我构建的最后的、也是最高的部分就是心灵这部分的构建。过去的哲学家认为有一个单独的、唯一的、固定不变的理性，成了人的一个本质。现在大家都知道，这是不大可能的。你有你的逻辑，我也有我的逻辑；你有你的办事原则，我有我的办事原则。问题是，为什么他采用这种理性原则而不是另一种？我的回答是，技术实际上潜在地决定了我们的行为逻辑。

技术实际上潜在地决定了我们的行为逻辑。

我经常举的一个例子是 Powerpoint 的使用。我在做公共讲座时一般不喜欢使用 Powerpoint。不要以为 Powerpoint 只是一个讲演工具。它绝不是中性的，它极大地改变了我们讲和听的方式。柏拉图已经提出，文字的出现实际上使我们记忆力丧失。这个我自己深有体会。现在许多事情脑子都记不住，因为高度依赖笔和纸，任何事情都记在纸上，这个纸要丢了就完了。钱钟书在《围城》里面写过，方鸿渐就是搞丢了发言稿，结果乱讲一气。当然，柏拉图所说的记忆还不是我们一般意义上的记忆，他讲的是人类最本原的知识。柏拉图不是强调知识就是回忆吗？文字恰恰在这个意义上，阻碍了我们达到这个本真的知识。同样的道理，Powerpoint 的使用让“看”代替了“听”，用“演示”代替了“讲演”。这是我们这个技术时代造就的一个新的人类生活方式，所谓“读图时代”说的是这种生活方式的一个方面。看代替听的后果就是听众不能专注地参与听讲过程。从讲演者的一方来看也是一样。讲演具有一种当场化的特点，讲演者会受到现场气氛的感染。大家如果认真听、专注地听、跟着我的思路走，那我越讲越有意思，我的思路就越来越凝练，越来越汇聚，新思想就不知道从哪里都出来了；如果不认真听，慢慢地我就会分散心思，那些灵感、那些美妙的思想就出不来。现场化有它特殊的意义，是不可替代的。尽管现在有高级录音技术，但依然不能代替现场听。反过来说，录音技术的出现恰恰是“现成化”的思维逻辑的产品。照相术、录音录像术都是如此，都是想把世界、把事情现成化，存贮化，消解其中的现场性、一次性、不可再现性。听是一种参与，因而是一种现场的行动。现在录音科技很发达，音乐唱片很多，似乎我们可以更多地去聆听大师的演奏艺术，其实不然。听唱片恰恰不是一种真正意义上的听。回到 PPT 这个问题上来，它的使用会极大地限制讲演者的思路的开展。有了 PPT 之后，我就变成读了。变成我来读，你们来看，于是，我们大家都变成受某种技术逻辑影响的工具。我们都变成了技术的工具，这就是技术逻辑的一个非常典型的表现。PPT 不是不能用，但要看场合，看讲演的内容，看听众对象。如果你单纯用 PPT 来代替这个讲演，那就是一个极大的失误。

录音技术的出现恰恰是“现成化”的思维逻辑的产品。照相术、录音录像术都是如此，都是想把世界、把事情现成化，存贮化，消解其中的现场性、一次性、不可再现性。

同样的道理，每一样技术，在它取得某些进步的地方，必定有所丢失。我们在赞美新技术的时候需要搞清楚，失去的是什么。以通信技术为例。通信技术的出现，是不是真的拉近了我们的距离，真的扩大了我们的交往？不一定。有的人认为书信比电话更重要，电话比 E-mail 更重要。原因可能在于，这

每一样技术，在它取得某些进步的地方，必定有所丢失。

个里面是否包含了更多的现场感。这个现场感是由身体知觉来测试的。在你的声音里面，是否有温情，这个温情是需要声音或者气息来表达的。

现代的交往过程是快了，但并不一定真把我们拉得那么近。最早的通信工具是电报。当时的美国作家梭罗（一位著名的环境主义作家）就指出过，电报的出现并不能真的把人们拉近，电报也就是传递了一些哪个公主咳嗽啦，哪个女王感冒了之类的消息。梭罗倒还真说对了，现代的传媒，做的大部分事情都是搞这些八卦，比如今天刘德华又到哪儿去了，他穿了什么衣服，衣服上有几个扣子，就这些东西，没有什么意义。所以，通过现在的技术我们轻易获取大量信息的时候，你要考虑到，我们丢失的东西是什么。“丢失了什么”这个问题，我们在下面讲现代技术时还要讲到。现代技术的无所不在可能使我们更加难以搞清楚我们究竟丢失了什么。一旦我们问起来，我们差不多就失语了。因为甚至我们的语言都已经不能帮助我们表达这种失落了。

技术除了担当自我构造的中介，它还是世界构造的中介。世界构造的内容很多，我只讲其中两种，一个是空间构造，一个是时间构造。大家知道，世界是由空间和时间构成的。空间、时间在牛顿力学中被认为是一个空的框架，是一个单纯的、纯粹的框架。就像是一个空的篮子可以往里丢东西，像一个空的书架，可以把书往那儿摆。空间、时间本身是没有内容的，是虚的，是所谓虚空。近代科学造就了这样一个世界概念，这个世界概念实际上是一个没有意义的世界概念，因为这个世界到处都一样，没有差异。既然到处都一样，那我们在这儿不在这儿就没有什么理由。时间上也是，过去现在都一样，那我活着不活着也没有什么根本的区别。这样从本体论意义上，就造就了一个无意义的世界。实际上，无意义也是一种意义，就是“去意义化”本身。这是我们这个时代最大的意义悲剧。

但是实际上，我们总是生活在一个到处充满意义的世界之中，到处充满意义的时间和空间当中。先说空间问题。空间是什么？空间就是你的位置，你位居高位，位居第一，“位卑未敢忘忧国”，等等，说的都是空间问题。位置问题为什么那么重要，是因为位置决定这个存在者的存在。说通俗点，就是“屁股决定脑袋”。就是说你坐在什么位置就会说什么样的话，就会以什么样的方式、透过什么样的角度来想问题。为什么会有这样一个制约作用呢？那个位置不是空的吗？它怎么会有制约作用呢？可见，既然屁股能决定脑袋，说明位置就不是空的，它有巨大的制约作用。这个制约是怎么出来的呢？是通过技术构建出来的。通过什么技术？当然不是单纯的机械技术，而是由一种身体技术和社会技术综合构建出来的。当我们讲高

既然屁股能决定脑袋，说明位置就不是空的，它有巨大的制约作用。这个制约是怎么出来的呢？是通过技术构建出来的。

位和低位，讲位置很重要的时候，实际上，这里的空间是由社会技术编制出来的一种位置网络；在这个网络里面，每个位置不是平权的、不是等价的，它的势能是不一样的。这个 potential，即潜在的可能性，是不一样的。所以空间恰恰不是一个空的东西，而是充满了汹涌起伏的暗流的这样一个位势的网络系统，这个网络系统是由社会技术和我们的物质技术综合构建的。

我们先谈物质技术。物质技术能改变物理空间的特性吗？这是可能的。爱因斯坦的相对论早就告诉我们了，你坐一个高速火车和坐一个低速火车，空间对你是不一样的。你坐一个大块头的火车和一个小块头的火车，空间也不一样。爱因斯坦相对论提出以后，空间的非纯粹性问题已经解决了。物质技术对于空间的构造作用已经很清楚了，但这只是一个非常微观的方面。就我们的生活世界而言，建筑技术是一种特别贴近的空间构造技术，这里面名堂很多，我不是学建筑的，就不多讲了。社会技术也是林林总总，什么监狱的空间构造、体育馆的构造、公共广场的构造，都有政治意味，内容也很多。刚才我用了一个“屁股决定脑袋”的比喻，部分地揭示了这个方面。所以，空间的技术构造是十分清楚的。

现在我们来着重讲一讲时间的技术构造。时间问题在近代被简单化了，它被认为是一个独立不依的、自由自在的流逝，牛顿称之为绝对时间。有了绝对时间，人们就让世界上所有事物的运动，都参照时间来规定，时间成了运动的规定者。然而，我们都知道，时间实际上是由运动得到规定的。古代人是按照运动来规定时间的。你是一个牧民，你的时间尺度是按照绵羊的怀孕和生长周期来规定时间；你是个农民，你是按照农作物插秧、收割的周期来对时间进行规定。时间的尺度是按照你活动的尺度，或者说，是按照你的技术行使的尺度来进行的。你是运用栽培技术，那么时间就是按照栽培来规定的；你是运用畜牧业的技术，那么你的时间尺度就是这个畜牧的尺度。可是近代以来，我们造就了一个普遍的尺度，这个尺度超越于一切具体的活动。但它实际上也不能全部超越，它最终要落实到一种运动。什么运动呢？天体运动。它继承了希腊以来将天空运动作为普遍尺度的这样一种观念，把天球的运动看做是时间的普遍尺度。亚里士多德讲过，时间是什么？时间就是天体运动的数目。

时间的尺度是按照你活动的尺度，或者说，是按照你的技术行使的尺度来进行的。

现代与希腊时代不同的是，普遍的时间尺度不再是天体运动，而是带在我们手上的钟表。钟表这个新的机械，它构成了现代时间的唯一尺度。这个钟表可不得了。有一位技术史家讲得好，现代的关键机械，不是什么蒸汽机，而是钟表。钟表是现代世界最 powerful 的一个机械，这个机械规定了现代世界的时间尺度，而时间的尺度就是我们存在的尺度。现代人为什

现代人为什么疲于奔命，是谁逼的？没有谁，就是钟表逼的。

么疲于奔命，是谁逼的？没有谁，就是钟表逼的。只要你戴上表，就像孙悟空戴上那个金箍子，你就得疲于奔命。你接受了这个机器携带的那种时间观念，就是那种普遍的、单一的时间尺度，作为一种绝对律令在你的背后逼迫着你，你就得按照这个时间尺度来生活。你现在，像吃饭这件事情，就不是因为你饿了，是因为到时间了；你现在要睡觉，也不是因为你困了，是因为到时间了。这是现代人非常烦恼的一个地方，到时间了却睡不着，所以他有失眠问题。

普遍的时间尺度的出现，对于现代社会有决定性的影响和意义。我们现代社会的基本构架，从我们的工厂、企业，到政府部门和我们的教育体制都受到影响。大家看现在的学校和工厂差不多，教室跟车间差不多。原因是什么？原因是现代教育的逻辑跟工业的逻辑是一致的，它都服务于钟表所赋予它的理念，这就是效率的理念。

现代教育的逻辑跟工业的逻辑是一致的，它都服务于钟表所赋予它的理念，这就是效率的理念。

近代时间的构架由钟表造成，而钟表从机械技术上，可以认为来源于我们中国古代。可是中国古代的钟表只是皇家礼器，不服务于日常生活，并没有造成一个普遍的有强制性的时间观念。中国古代有钟表，中国怎么没搞工业化呢？实际上，在钟表之上，还有一个钟表的观念在起作用。什么观念呢？就是一种统一的节奏和秩序的观念。这种节奏和秩序的观念，希腊人已经为近代准备好了。这个秩序首先体现在天空，所以希腊的天文学极为重要，是它的核心数理学科。大家知道，现代科学革命是从天文学开始的。为什么从天文学开始，因为从天文学开始，我们把一种天空的秩序拉到地上，所以牛顿的伟大工作不在于别的，就是他统一了天上和地下，他证明了一个苹果的落地和月亮的不落地是同样一件事情。大家都知道，牛顿是绝对时间观和绝对空间观的肇始者，其实自哥白尼以来的科学思想史都是在为此做准备。

钟表不仅有它的希腊根源，也有中世纪的根源。钟表来自修道院，修道院里的人都是需要按照极其整齐划一的秩序来生活的人。早上定点起床，起床以后该做什么事，非常单调规整。现代社会在某种意义上，也是一个放大了的修道院。如果你在都市里面放一个摄像机，拍摄下一个城市的日常生活，然后你把磁带快放，你看现代社会里面人的动作，基本都跟修道士很像，机器的节奏如何构建我们的世界就可以看得清清楚楚。所以我们说机器时代、机械时代，其实就是钟表时代。钟表时代意味着对我们现代世界的时间做了一个重新的构建。

现代社会在某种意义上，也是一个放大了的修道院。

我们来总结一下，时间和空间作为世界的框架，是由技术本身决定的。有什么样的主流技术就会构建什么样的框架，我们就会有什么样的世界。因此，技术不是中性的，也不是单纯的工具。技术是人性的构造，是世界的构造，这是我们要讲的第一部分内容。

对现代技术的一种理解

下面我们讲现代技术。现代技术以一种触目惊心的方式向我们展示技术的本质。什么是技术？刚才我们已经讲了技术是人的存在方式，也以钟表为例简单地介绍了一下技术对我们的时间观念的构造。现代技术究竟意味着什么呢？自古代以来，从人类开始变成人以来，技术就一直在发挥作用，为什么到了现代，我们开始对技术发生怀疑呢？现代技术的本质是什么？这里我想提到三件事情。

第一个，现代技术是对于效率极其推崇的一种思维逻辑。对效率的极度推崇会导致一个后果，即手段本身成为目的。效率本来是一个手段的范畴，由于极度推崇，这个手段就成了目的。技术作为自我构造和世界构造的中间环节，它的基本含义应该是适当性、恰当性。现在我们经常讲适用技术、合用技术，就是这个意思。比如说，杀鸡不要用牛刀，这就是适用性。但是现代技术不怎么讲适用性，更多是讲效率。

对效率的极度推崇会导致一个后果，即手段本身成为目的。

刚才我们谈到了时间机器的出现，这本身就导致一个时间逻辑的展开。什么逻辑呢？除了普遍性、单一性逻辑之外，还有一个精确性逻辑。开始出现的钟，只有时针；后来出现分针，到 19 世纪开始有秒针，现在更精确了。时分秒都是六十进制，因为自古以来就是这样来观察天体的，继承了巴比伦的六十进制。秒以下的单位不是来自传统，而纯粹是机械自身决定的，所以它用了十进制。这种不断精确的逻辑，其实是纯粹效益支配的结果，导致我们社会对效益过分重视。总是强调要搞快一点，快一点的意思就是要用较少的时间做一件事情；并且通过计量的方式来强化这种快一点的意识。钟表技术的使用，就是在强化这种观念，让你感觉做事情就应该这么做，就要做快一点；否则，就不叫做事情。

效率的观念代替了适用性观念，而适用性观念的丧失使得现代社会出现了许多令人啼笑皆非的事情。举个简单的例子，“可操作性”成了我们这个时代反复强调的一个标准，有时甚至为了这个可操作性牺牲适用性，牺牲真理，牺牲美，牺牲道德，从而迁就可操作性。今天我们看到的许多规章制度，都不是出自正义、德性、美，而是为了方便操作。作为现代人就是要做事情，要做起来，做得好不好，再说吧。这就是效率观念的支配性：效率的观念一旦深入人心，就会产生操作性至上的原则。中国的高考，毛病很多，对中国青少年学生的成长有很坏的影响，但是由于它是唯一可操作的方案，结果就不好动了。用程序正义压制实质正义，也是屈服于可操作性原则。教育要讲因材施教，但是现代教育做不到这点，现代教育的本质就是流水线生产。从我们这个教室的座位的分布就看得出来，基本是按照牛顿力学的时空观来分布的。它假定处处均匀，没

效率的观念代替了适用性观念，而适用性观念的丧失使得现代社会出现了许多令人啼笑皆非的事情。

教育要讲因材施教，但是现代教育做不到这点，现代教育的本质就是流水线生产。

有任何位子有特殊之处，所以因材施教根本上缺乏基本的空间构架。

不同的坐法，不同的空间排列方式，将决定着不同的教学方法。

北京大学前些日子大张旗鼓地宣传，把自己的教学楼做了改造，把教室改造成了研究性学习的教室，媒体又狂炒一顿。但它是有道理的，不同的坐法，不同的空间排列方式，将决定着不同的教学方法。研究性教学是老师和学生围坐一起，而不是老师站在高处宣讲，学生坐在下面听讲。这个空间格局改变之后，教学方式自动会做适当的改变，学生的参与意识增强了，每个人都处于一种两两的对视之中，迫使你们要讲话。像现在这个样子，你们全体对着我一个人，我成了中心；你们都很安全，可以不讲话，但是我不能停下来不讲，这就冷场了，这就麻烦了。但是如果两两围在一起，互相盯着，学生就会成为课堂的主人，有压力，要主动讲话，不能总缩着。举这个例子就是说，教育做不到因材施教，和我们这个空间的构架是有关系的。这种空间观来自哪里呢？来自现代工厂，而工厂的本质观念是效率观念。效率观念取代了因材施教的观念。因材施教是一个适应性观念，每个人情况都不一样。所谓的好学生、坏学生，实际上都是按某种可操作性原则来划分的。在这种单一的标准和教育模式下，许多学生实际上就给牺牲掉了。按照现在的已经工业化了的教育规律，教育也必须量化，而大家知道量化的结果就是去掉质的差异，或者说只保留一种质。没有质当然是不可能的，量化就是把多样化的质去掉，或者还原掉，或者取代掉，只剩下一种质。比如现在考大学，就看考分一项，就看应试能力，应试能力成为你上大学唯一的指标体系。这个体系当然是做不到适应性的。

可操作性以及效率至上的观念，在今天被无限放大了。现在我们做事情，都要讲效率，讲可操作性。没有可操作性，连话都讲不出来了。当别人质问你“你说怎么办”的时候，我好像有点理屈词穷了。如果你不能拿出可操作性的方案来，你就闭嘴。通过可操作性掩盖现实社会中的不合理性，这是值得我们警惕的事情。因为一般来说，现存的东西是最容易操作的，而改变是比较困难的，一种新的操作方式的出现是比较困难的。因此，拘泥于可操作性，某种意义上就是反对对现实进行变革。

第二个，现代技术是普适性观念的一个体现。现代科学的数学化过程是对质的多样性的一个有效的清除过程。数学作为一种操作技术，是一种去质化的操作技术。我经常举一个例子说，当你把一个人和一头猪相加的时候，这不是在做数学，而是在骂人。为什么呢？一旦相加，就蕴含着对被加者的本质差异的消除，这当然就是骂人了。你可不能说人家只是在做一个加法，做加法是中性的。从这里也可以看出来，数学并不是中性的。数学化作为一个去质化的过程，或者质的单一化的过程，它指向普适性。所以，现代科学和现代技术本质上是一回事。现代科学可以命名为技术化的科学，现代技术也可以说是科学化的技术，这是现代技术的第二个特征。

第三个特征，现代技术是一种意志技术。现代技术的背后是现代人对自我的期许和认同，什么期许和认同呢？是一种对权力意志的追求，will to power，尼采所谓权力意志或求力意志。这种求力意志正是现代技术的逻辑。技术在这里意味着，要有所表现，要做点事情。现代人不做事情，那就是荒废你的青春岁月，你就感觉人生没有价值，所以一定要做一点事情。“有所作为”成为现代技术的一个基本的逻辑，这个逻辑有什么问题呢？“有所作为”有什么不好啊？自古以来人们不都是要有所作为吗？没有作为不就像奥斯特洛夫斯基讲的那样是碌碌无为吗？当我快死之前回首自己的一生，我如果一事无成，那我羞愧啊。奥斯特洛夫斯基讲的是现代技术的逻辑，就是意志逻辑。

现代人不做事情，那就是荒废你的青春岁月，你就感觉人生没有价值，所以一定要做一点事情。

但是我们必须要说，这种逻辑并不是自古就有的，它并没有很长的时间。举例来讲，中国古代的那些诗人们，放浪山水，做不做官无所谓，“天子呼来不上船”，喝酒就行了，纵情山水就行了。西方漫长的中世纪，人们的最高境界是什么？是沉思，是祈祷，是过一种宁静的生活。希腊人也一样，仰望星空成为最高的人生境界。也就是说，并不是每个人都要忙忙叨叨，每个人都要一刻不闲。但是这个忙忙叨叨、一刻不闲，现在反而成了主流的价值观念。如果你没事干，那就是社会的边缘人物，过的是另类生活，被认为是不行的、有问题的。为什么不行呢？你不一定说得出理由，其实就是技术逻辑在起作用，是意志逻辑、“有所作为”的观念在起作用。这是现代技术的第三个逻辑，它的一个后果就是人类要向自然开战，向自身开战。与天奋斗其乐无穷，与地奋斗其乐无穷，与人奋斗其乐无穷，这就是技术逻辑。我们现在讲的人和自然关系的紧张，人与人关系的紧张，其实都是技术时代的意志逻辑的结果。这个意志逻辑，是现代技术的一个很重要的逻辑。

希腊人也一样，仰望星空成为最高的人生境界。也就是说，并不是每个人都要忙忙叨叨，每个人都要一刻不闲。但是这个忙忙叨叨、一刻不闲，现在反而成了主流的价值观念。

现代哲学家对这三种逻辑都有所揭示。比如，人和自然的关系紧张是因为什么？是因为人要挤压自然界，要逼自然界交出它的奥秘。现代科学实验的本质，就是一个对自然界进行“严刑拷打”的过程。实际上就是让你把自然物放到实验室里去，以一种极其超自然的方式，人为制造高温、高压、高密度、高浓度之类的条件，让它透露出它的秘密，所以实验科学基本上是一个对自然进行“严刑拷打”的活动，是逼自然界交出它的奥秘，实际上就是这么一个过程。为什么要有这么一个过程呢？为什么要这样去搞实验呢？要知道，近代的科学实验的本质不是动手，不是观察，动手、观察中国古代就有，西方古代也有。但是实验室科学只有在近代欧洲才出现，原因就是

人和自然的关系紧张是因为什么？是因为人要挤压自然界，要逼自然界交出它的奥秘。现代科学实验的本质，就是一个对自然界进行“严刑拷打”的过程。

它服务于一个目标，这个目标就是整体上对自然界进行征服、控制、支配，通过挤压的方式，来逼你交出秘密。一旦秘密以规律的方式呈现，那自然界就被置于我的股掌之间。所以自然规律一旦出现，自然就被彻底征服，这就是我们近代的一个基本思路。征服的思路背后，是意志逻辑在起作用。

现代技术为我们造就了什么样的世界，造就了什么样的人性？现在都很清楚了，我们总结一下。现代理想的人是什么？是有所作为的人。有所作为的人肯定要守时，守钟表上的时间。古代讲“你误庄稼一时，庄稼误你一季”，这个守时，是一种自然的节奏。现在的守时，是按照机械节奏来讲的。还有“人尽其才，物尽其用”，什么叫“物尽其用”呢？就是你必须把这个物里面所包含的价值榨取干净，否则就是浪费。这个观念，实际上是“精确支配”的观念，这是我们人性里面崭新的东西。我们表扬人的时候往往说“这个人很精明，办事效率很高，很能干”。在现代人看来，“不能干”是一个很大的缺陷。

你看一个地方，看它的几何形状是不是规整，就可以判别它的文明是不是现代。它的建筑的几何化程度有多高，它的现代工业化程度就有多高。

刚才我们讲了时间问题，其实现代技术对空间的支配也十分明显。我们区别一种文明、一个社会是现代还是原始，看看建筑就很清楚了。现代建筑是几何的线条，笔直的、有棱有角的，原始的建筑几何化程度不高，并不是有棱有角的。原始人的知觉系统，并不是按照几何化的方式来构造的。老子讲“惚兮恍兮，其中有象”，它的边界并不是很清楚的。但是几何化的世界构造方式，告诉我们的是清晰的边界。所以你看一个地方，看它的几何形状是不是规整，就可以判别它的文明是不是现代。它的建筑的几何化程度有多高，它的现代工业化程度就有多高。

现代的世界构造里面，物的构造也很特别。什么是一个物？在时空中能定位的是一个物，不能定位的不是一个物。我喜欢举例说，鬼就不是一个物。鬼为什么不是物呢？因为它无法定位，它在哪儿呢？什么时间在什么地方？指不出来，那就不是物，所以鬼就不能成为物理学的研究对象，就不能建构关于鬼的物理学。它不能进入我们的时空，不能进入我们的世界，不能进入我们的文明世界或者我们的工业文明世界。当然，在农业文明里面鬼还是有地位的，所以现在要见鬼是很不容易的，要到农村去才见得到，在城里是见不到的。城里见不到鬼，它能见到另外一种东西，就是外星人和飞碟。外星人、飞碟从逻辑上讲，是能够进入我们的物的领域的，是有时空定位的。它有规则的几何形状，飞碟的几何形状往往是很完美的。所以飞碟作为现代经验世界的一种逻辑外推和补充，作为一种现代人超验世界的存在物，是必然要出现的。现代人不信鬼，信外星人，这是一个普遍现象，这标志着现代工业文明对现代世界的改造程度，对现代物之为物的规定的深刻程度。在都市里，你放心是不会出现鬼的，当然在都市的光线灭掉之

现在要见鬼是很不容易的，要到农村去才见得到，在城里是见不到的。城里见不到鬼，它能见到另外一种东西，就是外星人和飞碟。

后，在都市的外在几何轮廓消失之后，鬼也许还能出来，但在几何化的世界里鬼是绝不可能出现的。鬼一般都是晃晃悠悠、鬼鬼祟祟的，没有明确的几何形状，也没有办法对它进行时空定位。不过，现代量子力学破除了物的时空定域性，所以，也有人认为量子力学是关于鬼的物理学。这个有趣的问题太复杂，我们这里就不讲了。

现代的世界构造使得世界本身已经不再是我们生活的必要环境，相反成了我们的对象，我们以一种对象的形式来理解世界。这个对象可能是我们的能源库、资源库，也是我们的垃圾场，总而言之是我们人类大展其才的一个舞台，人类在这里尽情地挥洒生命意志的一个舞台。这个世界被认为是无限大的，所以你使劲折腾它，没事的。当然，现在我们发现世界还不是无限大，至少供我们挥洒的舞台是很小的，因为我们的地球是有限的。

我们今天讲现代技术的逻辑，可能讲得有些极端，但这个极端的意思确实或隐或现地存在于我们的生活中；而且这个逻辑非常坚硬，不容易被打破。首先我们要意识到这个逻辑，通过意识到这个逻辑，我们来发现它的局限性、它的限度，从而为人类认识到自己的处境提供一种可能性。认识到这种处境，我们才可能认识到我们真正的危机在哪里，我们真正的问题在哪里，我们真正的可能性在哪里。现在的环境运动也好，文明冲突也好，有些问题是工业文明内部的问题，它可以通过工业文明自身来得以解决。然而好多问题，不是工业文明内部能够消化的。如果对工业文明的技术逻辑没有深刻意识的话，那些我们今天吵吵嚷嚷讨论的问题，就不是真正的问题。这是今天我们试图通过技术这个维度，来展示当代人所面临的问题的根本原因。时间到了，我先讲到这儿，谢谢大家。

如果对工业文明的技术逻辑没有深刻意识的话，那些我们今天吵吵嚷嚷讨论的问题，就不是真正的问题。

问　答

问：我听了您的几场报告，我现在头脑里对技术就一个概念，“技术就是创造”。技术创造了很多东西，包括创造了现代意义上的人。我的问题是，到底是技术创造了人，还是人创造了技术？归根到底，什么是技术，什么是创造？

吴：这是一个非常好的问题。当我们面对一些特别基本的问题的时候，我们常常难以摆脱一个“蛋生鸡，还是鸡生蛋”的怪圈。在揭示技术和人这样一个相互构建的结构的时候，你问是技术决定了人，还是人决定了技术，我就面临着这个“鸡蛋相生”的困境。但这个困境是可以解决的，怎么解决？我们要引入进化论，要引入历史的观点和变化的观点。也就是说，鸡和蛋并不是从来都存在的，而是从别的东西演化过来的，它们并不各自享有永恒的本质。从来源上看，它是很清楚的，都来自原鸡和原蛋，或某种其他形态的生命。只是从逻辑的观点

这个“鸡蛋相生”的困境是可以解决的，怎么解决？我们要引入进化论，要引入历史的观点和变化的观点。

看，似乎是一个解不开的怪圈，逻辑上是相互纠缠的。技术与人的关系也应该如此看待。如果我们能够历史性地把人性的结构阐释成技术，又把技术结构阐释成人性，从而把握它们的共同源头，这个问题就解决了。

现代技术表面看来是人的创造，可是人为何要如此创造呢？这与现代的人性结构有关。这个人性结构从何而来呢？来自现代技术。这就构成了一个自循环。现代技术中最引人注目的是自动机的出现。自动机从表面看，有与人相脱离的倾向，从而给人一种强烈的压迫感，好像这个东西是一个异己的东西。实际上在自动机里面，依然有它的意向结构，而这个意向结构是根源于人性结构的。所以，现代人用机器不是偶然的，他是必然要用的。为什么？现代人这么“活”的方式，就决定了他要用机器。你不这么活，就可以不用这个机器；你要这么活，就必然要用这个机器。现代的人性结构与机器的意向结构具有同构性。某种大机器的引入，会彻底改变社会结构和人性结构。比如汽车的出现，带动了相关的汽车产业的出现。有了汽车，后面就要有钢铁、橡胶塑料业，玻璃、电气等的出现；有了汽车就必须要有马路，有了马路就要有马路管理系统，有交通车信号系统，有交通法规、交通法庭，等等，全都出来了。这就是技术的生成力量。

如此看来，技术本身是具有能动性的，而不是被动的工具。但是这个能动性，这个非被动的工具性，并不是它本身固有的，因为技术毕竟是人造出来的。自动机是怎么出现的？为什么会出现自动机？自动机的出现是和一种什么样的社会理念联系在一起的？刚才我讲过了，是“意志的理念”、“效率的理念”、“普遍化的理念”，这些理念加在一起，自动机就必然要出现。技术具有创造性，或者叫做超前性。所谓技术的超前性，就是马克思所说的那个“撬动历史发展的杠杆”，它确实具有超前性。我们讲因特网的出现，它必定要带动一个社会民主化的浪潮。中国人民千辛万苦呼唤的“德先生”，可能会在这个因特网的飞速发展中悄悄实现。技术有这个强大的杠杆作用，有这个超前性。但是技术也有滞后性，技术不总是超前的，有很多技术帮助我们滞后。不要以为这个“滞后”就是不好的。汽车里面具有超前能力的是马达，滞后的东西就是刹车。一个汽车如果只有马达，没有刹车，你肯定是不敢开的。

现代社会的一个主要问题就是过分强调超前性，马达系统是越来越发达，能量越来越大。这个刹车系统很弱、很软，导致我们现代社会这列巨大的列车有点刹不住闸。我们的这个软的、滞后性的技术是很欠缺的。但是，虽然很欠缺，仍然是有的。最软的技术就是我们的身体。我们的身体有扛不住的时候，最后一根稻草能够把骆驼压垮。这个身体的节奏是千百万年来，按照自然的、太阳的节奏被规训出来的：你到了晚上就

现代社会的一个主要问题就是过分强调超前性，马达系统是越来越发达，能量越来越大。这个刹车系统很弱、很软，导致我们现代社会这列巨大的列车有点刹不住闸。

要睡觉，你不能说我晚上可以不睡呀，可以点灯呀。灯是可以不灭，但人得睡觉，睡觉这个节律你打破不了。这个睡觉的身体技术是一个滞后性的技术。理论上讲，你可以彻夜照明，可以工作。但是人类的身体技术不允许你彻夜工作，要休息。还有这个肠胃，会选择食物。理论上讲，现在的化学工业、生物工业，可以造出所有的食物、所有类型的蛋白质、所有的营养搭配，但是我们的肠胃只能消耗其中的一小部分，许多被造出来的东西是不适合我们肠胃的。这就是现代人类的健康所遭遇的问题。我们现在蔬菜里面的化肥、农药等乱七八糟的东西的含量超标，肉类里面抗生素、激素太多，等等，这些东西是身体难以消受的。这种技术的滞后性特别值得注意。汽车必须要有刹车，刹车系统要很灵才行。现在我们是刹车很软，马达很壮。这对文明来讲并不是一个好事情。谢谢你提出的这个问题，帮助我把技术的超前性和滞后性问题提了出来。

问：吴老师，您的每一次讲座都会给我们很深刻的思想启发。刚才您提到数学化有效地去除了物质的多样性而达到普遍性，我想问的是，数学或者说数字化有没有对人本身产生去质化的影响？

吴：回答是肯定的。数字化对人的重新构建，在当代有一个突出的表现就是我们的身份证和我们的身份认证系统，它们都是由数字构成。古代社会在这方面比较薄弱。许多农村地区的人甚至不知道自己的准确生日。但今天的身份证制度对个人的许多数字特征做了突出的强调。另一方面，生物技术的发展也将我们的身体在生物学意义上数字化了。未来每个人大概可以领到一本记载着个人基因密码的手册，就是你的生物构成信息，里面全是数字。所以，人的数字化，在生物学意义上、在社会学意义上都已经相当彻底。彻底的数字化管理，意味着一种彻底的支配。人在现代社会中的自由如何体现，成了一个非常麻烦的问题。但这个包含着政治哲学的深刻问题，尚未得到深入的讨论。

问：如果说技术不是中性的，科学是中性的吗？如何看待科学与技术的关系？

吴：先要重申一下，说技术不是中性的是在特定的意义上讲的。我也指出过，在某种情境中，我们是可以持有一种技术中性论的。比如当我们说“他只不过是技术好一点而已”的时候，或者说“这个音乐家表现力不行，技术还凑合”，就是把技术看成是中性的东西。但是，当我们探讨技术是否具有自身的价值指向的时候，我们就说它不是中性的。在这种意义上，科学当然也不是中性的，它受许多文化价值的制约，它自身也提供许多文化价值。不过，在特定的语境下，我们也可以说自然科学没有阶级性，可以为不同文化、不同社会制度所利用。

当我们探讨技术是否具有自身的价值指向的时候，我们就说它不是中性的。在这种意义上，科学当然也不是中性的。

说到科学与技术的关系，首先需要澄清不同的科学类型。

我认为有三种科学形态：博物科学、理性科学和求力科学，它们分别对应不同的技术类型。

这是另一个很大的题目，今天在这里没法展开。简单说来，不同的科学会有不同的技术相对应。我认为有三种科学形态：博物科学、理性科学和求力科学，它们分别对应不同的技术类型。博物科学主要对应身体技术。博物科学作为一种直接性的科学，它要求一种直接的经验。所谓直接的经验就是身体经验，就是身体到场的经验。身体不到场的经验都是间接经验。博物科学的核心建立在身体技术的核心之上。现在博物科学被人轻视和遗忘，身体技术也相应地被遗忘。理性科学本身是贬低技术、忽视技术的，它本质上不含有技术的内容。近代的求力科学、数理实验科学，对应的是现代技术，那种普遍化的、意志指向的技术。现代科学和现代技术可以说是难分彼此。我们可以说，现代科学就是技术化的科学，现代的技术就是科学化的技术。

问：高度数字化、数学化的科学是不是能正确地反映客观世界的本质？这个数学化的科学在现代科学危机中扮演着一个什么样的角色？

吴：抽象化、数学化能不能揭示世界的本质，在你的这个问题里面，已经包含了一个前提，即认为世界有一个固有的本质。实际上，按照我的看法，世界是通过某种技术的方式被呈现出来的。所以，数学化和精确化本身就是世界的一种构造方式。你要说在这个世界背后还有一个什么世界作为本质，在我看来是不可能的。因此，问题不是我们能不能准确地了解世界的本质，而是在于我们准备以一种什么样的方式来构建我们的世界。

问题不是我们能不能准确地了解世界的本质，而是在于我们准备以一种什么样的方式来构建我们的世界。

用数学化的方式，它必然要遮蔽某些东西，它要显现某些东西。在现代科学化的世界里，它的精确化令人吃惊，它可以精确到微米、纳米以下的尺度。过去手工艺能够在头发丝上刻字，那已经是精美绝伦、巧夺天工了。但是现在的纳米技术，你想一想，它能到达什么地步！但是我们要注意，在这个数学化的过程中，这样一种对世界的构造方式，必然会遮蔽或过滤掉某些东西。这里面最基本的东西就是神灵世界，将不再存在。神灵世界不存在，就是意义世界不存在，世界本身不再呈现意义。在前现代时期，一棵树、一条小河、一只鸟，它本身都内在地包含有除表观看到的东西之外更多的东西。诗人在讲“轻轻的招手，作别西天的云彩”时，他能够用“作别”这个词来讲与“云彩”的关系，这样赋予云彩的就不光是物理的意义，不光是光谱、分子之类的东西。他在讲“作别”的时候，表达了一种超物理和化学之上的意义。我们这个世界里面的更多东西，在经过数学化之后，都将荡然无存。

我们应该以一种什么样的方式来构建我们的世界呢？我的回答是“多元化的方式”。要打破现在这样一种单纯的数学化、单纯的量化的方式，这种方式已经造成了很严重的后果：意义科学的世界观并不真的造成了一个完全没有意义的世界，只是造成了一种单一化的意义；而意义的单一化本身对人的自由有很大的损害。

的丧失、“上帝死了”、“诸神逃遁”。其实，科学的世界观并不真的造成了一个完全没有意义的世界，只是造成了一种单一化的意义；而意义的单一化本身对人的自由有很大的损害。比如吸毒，它的坏处不光是对身体的摧残，更重要的是它导致了一种单一化的生活结构，就是要不断地得到毒品。人生的目标就是为了得到毒品，有了毒品就把它吸掉，然后再去得到新的毒品。所以这是一种畸形的不健康的生活结构。今天的生态问题，本质上也是一个“毒品”问题，是社会经济发展的目标单一化带来的。

技术与人性*

很高兴再次来到东南大学，去年四月份我就来过一次。东南大学是我们国家大学生人文素质教育做得最突出的少数几个大学之一。人文素质讲座已经搞了很多年，现在陆挺老师更进一步，希望把这种传统的单一讲座组合成集束炸弹，推出了这个人文素质课程。这对于我们讲演者来说是一个挑战：一天一讲，一连三天，能不能讲好呢？这次我给大家做这个系列讲座，叫做“技术哲学三讲”，分别是“技术与人性”、“技术与政治”、“技术与哲学”，试图从三个角度揭示一下技术的本质。东南大学是一个传统上以工科见长的大学，现在正朝着综合大学迈进。所有的理工转综合的大学都会面临着一个学理上的问题：为什么我们工科大学要大力提倡人文教育？通常人们会从全面发展、通才教育这个角度去回答这个问题，这是对的，但还不够。我认为，还必须考虑到，技术本身就内在地要求一种人文的透视，一种超越技术之外的人文思考。这一次，我就想通过三次讲座，去展开一种对技术本身的多角度、全方位思考。今天我先讲“技术与人性”，从人性的角度来切入对技术

---

* 2008 年 3 月 30 日在东南大学“人文大讲座”的讲演，这里的文字根据东南大学岳正伟、张大军同学提供的现场录音稿整理而成。

的反思。

首先我愿意抛出一个结论，那就是“技术与人相互规定”。今天晚上的全部讲座就是要对这个结论进行详细的阐释。技术与人相互规定的意思是说，你是什么样的人，取决于你采用什么样的技术；你如何理解人，你就如何理解技术；你怎么看待技术，你就会怎么看待人。这种内在的关联在过去是完全被忽视的。人们往往把人看成一回事，把技术看成另外一回事。事实上，我们的技术观和人性观具有非常隐蔽的一致性。如果我们把技术仅仅看成工具的话，那就意味着我们把人看成是仅仅使用工具的动物。如果你不把人看成仅仅使用工具的动物，而是看成动脑筋的、有审美理想的、有宗教信仰的人，那么你对技术的看法就会很不一样。所以技术和人要结合起来进行考虑。今天我要先介绍关于技术与人的两种观点。这两种观点都是要解释人是如何通过技术这个环节进化成人的，所以今天的讲座也有一个副标题——技术人类学导论。讲完两种观点之后，再讲讲技术的三种形态。

技术与人相互规定的意思是说，你是什么样的人，取决于你采用什么样的技术；你如何理解人，你就如何理解技术；你怎么看待技术，你就会怎么看待人。

第一个观点叫做技术起源于人的生物本能缺乏，即生物本能缺乏论或生物本能贫乏论。这个观点最初来自生物学家，有些哲学家把它接过来进行发挥。这是我们今天第一个要讲的理论。

第二个观点叫做心理能量过剩论。这个理论认为，技术起源于人的心理能量过剩，也可以叫做“心理能量冗余论”或者“心理能量充沛论”。这是我们今天要讲的第二个部分。

第三个部分，我们将讨论一下技术的三种形态，它们分别是身体技术、社会技术、机械技术（或者工具技术）。通常我们把技术直接理解成工具、机械、外部的设施、器具，也就是我所说的机械技术，但是从人的演化角度看，着眼于技术在人的进化中的决定性角色来看，技术首先还不是机械技术，而是身体技术、社会技术。要深刻全面地了解技术，没有后两个维度是不行的。这是我们今天要讲的内容。

生物本能贫乏论

我们先讲生物本能缺乏论。从生物学上说，在座的各位都是动物。生物的分类是界、门、纲、目、科、属、种。我们属于动物界、脊椎动物门、哺乳动物纲、灵长目、人科、人属、人种。各位在生物分类上就处于这么一个位置。人类的进化一般就追溯到人科的出现，因为从那里开始，我们和动物兄弟们分手了。这件事情大概发生在700万年前。按照现在分子遗传学的讲法，大概在700万年前，这个直立行走的、手足分化的人科成员，叫做Hominid，已经开始出现，脑量大概接近500毫升。这个脑量很重要，待会儿我们还要讲到。大概是在250万年以前，出现了人属成员，叫做Homo，最早的人属成员称为“能人”，Homo habilis，拉丁文的意思就是有能力的人。有什么能力呢？就是制造工具的能力。人的第一个标志是生物学上的直立行走、手脚分开，这是人科的标志。但是这个还不够，手和脚分开干什么呢？使用工具，这是人属的标志。250万年前出现的人属成员，有技能，会制造和使用工具，它的脑量大概是700毫升。到200万年前出现了脑量更大的直立人，脑量可能有1 000毫升；大约50万年前，出现了“智人”，Homo sapiens，就是人种出现了。它的脑量大概是1 350毫升。智人人种里面有好几个亚种，其他几个全都灭绝了，现在幸存的人类就是其中的一个亚种，叫做Homo sapiens sapiens。

人的脑量由500毫升一直发展到现在的1 500毫升，这个发展可以说是急剧膨胀。它带来了非常重要的后果。从生物学意义上讲，它带来的一个突出后果就是，现存的人类都是早产儿。人类的新生儿都面临着生物本能贫乏的问题。

与其他物种显著不同的是，人类自出生之后到成为一个真正的人，需要很长的时间。

与其他物种显著不同的是，人类自出生之后到成为一个真正的人，需要很长的时间。严格意义上的成人是18岁，18岁以下犯了法不用坐牢，再小连劳教都不用。这是从社会学意义上说，生物学意义上也一样。孩子生出来以后是三翻六坐八爬，三个月以前什么都干不了。语言要到一岁以后，个体间有一些差异；走路也是一岁多开始，蹒跚学步。自己养活自己还早着呢。欧洲人是 18 岁开始自食其力，中国人到了 28 岁，可能还靠父母养活。也就是说人类生下来之后，有一个漫长的后天学习期。为什么需要后天学习？那是因为他先天不足。你看看动物就知道，很多动物生下来，一两个小时就到处乱走，而人不行，这是为什么呢？生物学上有一个规律，就是哺乳动物个体的脑量和在子宫里的孕育时间成正比，脑量越大这个孕育时间就越长，寿命年龄越长，性成熟年龄就越大。按照人的脑量，标准的妊娠时间是多少呢？应该是 21 个月！这么大脑量的动物按照正比关系计算需要 21 个月才算是足月，可现在的人类全都是 9 个月出生；说“十月怀胎”，是按照农历算的。9 个月出生的应该算早产。为什么要早产？因为 21 个月孕育的胎儿，他的脑量将达到 675 毫升，也就是成人脑量的一半，正合适，出来以后跟其他动物一样该干吗干吗，会跑，会找东西吃，会咿呀讲话。但非常可惜的是，人类的直立行走状态限制了人类女性骨盆的宽度，女性骨盆不能太宽，太宽了不能走路。女性直立行走所能允许的骨盆最大宽度，只能容许胎儿有 300 毫升的脑量，怎么办呢？人类的婴儿必须提前出生，就是我所说的“早产”。不早产怎么办？那人类早就灭绝了！

理论上讲，现存的人类全部都是早产儿，他们从生物学意义上说是先天不足的。

理论上讲，现存的人类全部都是早产儿，他们从生物学意义上说是先天不足的。的确如此，人类的婴儿出生后完全无助，一生下来，没有人抚养就活不下去；他需要全方位的照料，需要通过后天的学习来弥补先天的不足。所以人类有非常长的生长发育期，有非常长的时间去学习各种各样的生活技能。这样一来，人类就产生了由本能的贫乏所带来的开放心理和开放视角。开放的根源来自贫乏。为什么我们经常讲要虚心学习？虚心了你才能接受，不虚心你都是满的，你就接受不了。正是由于我们人类先天的无能导致我们有开放的胸襟。这样一个本能的贫乏在古希腊神话里已经体现出来了。

人类就产生了由本能的贫乏所带来的开放心理和开放视角。开放的根源来自贫乏。

这是一个著名的神话，叫做普罗米修斯盗火的神话，你们都听说过。他从天上盗火给人间，造福人类，受到了天神的惩罚，把他锁在高加索山上每日让鹰来啄食他的肝脏。可是，你们也许不知道的是，他为什么要去盗取天火呢？并不完全是因为他品行高尚，而是因为他的兄弟爱比米修斯首先犯了一个错误，使得他不得不去为人类偷点什么来。什么错误呢？据说诸神造了各类物种之后，都给每个物种分配了一个基本的本能。一个物种分配一个。比如说鹰的嘴很尖，飞得很高，可以凭借这个活命；有的动物皮很厚，不怕冷，也不怕其他动物的攻击，靠这个可以活命；有的动物牙齿很尖，靠这个可以活命；如此等等。这个爱比米修斯负责去分配本能，普罗米修斯则负责去检查。因为爱比米修斯是个马大哈，事先没有计算好，分呀分呀，把技能都分光了，分到人这里没有了。这样一来，人就没有本事了，没有本能了，这该怎么办呢？分光了没办法，普罗米修斯说只好从天上偷点东西给人类算了。这个是完整的神话，通常我们只听到了后一半。这个完整的神话其实表达的正是人的先天缺失问题。这个缺失在生物学意义上是具有负面意义的，但非常幸运的是，正是由于这个缺失导致了人类灿烂的文明。正是这个缺失给人类创造了机会，什么机会呢？这就引出了我们今天要讨论的问题。

远古时代，由于某些现在还不十分清楚的原因，地球气候和环境发生重大变化，人类被迫离开森林。人类生活在树上的时候，吃的是树叶、果子、虫子。我们人类是杂食，动物、植物什么都吃，这可能和我们的进化历史有关系。我们的肠子是食草类动物的肠子，非常长，可以慢慢地消化。如果吃肉的话，肠子很容易出问题，不好消化。所以有人就建议大家别吃肉，或者尽量少吃肉，这样肠子舒服，好适应。但是我们的先祖被迫离开森林之后，来到了草原，原来习惯了的食物没了，怎么办？只好吃肉。有证据表明非洲平原的那个狒狒就是吃肉的，狒狒和我们是近亲，它生长在平原上被迫吃肉，生活在林子里都不吃肉。我们的先祖走出了森林，被迫要吃肉，可是没有犬齿，都是食草类的门齿，不会吃肉，咬不动，怎么办呢？有一派人类学家认为，工具的制造和使用正是对人类先天劣势的一种弥补。尖利的工具，锋利的石头，就代替我们的犬齿来切割肉。然后呢，使用火，帮助消化。所以在进化论者看来，

在进化论者看来，工具的运用基本上是人类先天功能缺失导致的一种生存策略。

工具的运用基本上是人类先天功能缺失导致的一种生存策略。

你要活命，要生存，当然这个“要”字代表了很强的目的性。但是进化论并不强调这个“要”字，并不这么讲，而说爱吃不吃，不吃就死了，剩下来的自然就是吃肉的。进化论是倒着解释的，就是你现在活着一定有你活着的理由。这个理由是什么？它不管有什么具体的理由，总之一定是你更适合生存，你活下来是因为你适合活下来。看起来是一句废话，但是人们觉得它解释得最好。进化论的解释是说，第一步让那些不能早产的灭绝，第二步让那些不能使用工具的灭绝，当然这些证据并不完全，还是猜测。但不管怎么说，进化论者认为技术的出现没有什么神秘可言，合情合理，在人类的整个进化过程中具有连续性。可以把这种观点说成是技术起源连续论。它认为人的出现、工具的出现都不是突然的，在人和动物之间是一个连续的过渡。现代环境保护主义者也很强调这一点，认为人和动物之间的差别很小，基因差别很小，行为方面差别也没有那么大。高等动物也使用和制造工具。英国一个女科学家叫珍妮·古道尔，一二十岁跑到非洲去和黑猩猩生活在一起，搞清楚了许多问题。比如说黑猩猩有家庭，有社会，基本上和现在的一夫一妻差不多，而一夫多妻也有。雄性黑猩猩块头很大，而且会制造工具。过去我们认为动物使用工具不奇怪，但是制造工具是人特有的，现在发现高等动物也可以制造工具。有两个例子，一个是把叶子捋掉，剩下棍子插在洞里钓白蚁吃。这就是制造工具，制造工具要求具有预见性。第二个呢，就是它懂得搬动箱子够高处的东西。本来够不到，搬了箱子过来，踩上去拿下来，这也是制造工具。这个发现打破了人和动物之间的很多界限，现在人类学家不能够再把制造工具作为人之为人的标志，那如何说明人科的出现呢？只好说是直立行走。

人和动物之间的连续性越来越被强调。譬如说语言，过去认为只有人才有语言，现在发现人的这个语言也是连续过渡来的。动物之间的呼叫本身就有一种联络、传递信息的作用，有危险了传递信息，这种叫声很多动物都有，不只是高级动物。在高级动物里面，它们还有一个基本的语言交流方式，叫做梳理皮毛，俗话说就是挠痒痒。动物相互挠痒痒是一种重要的交流语言，譬如说你的地位比较低，你就主动给别的动物挠痒痒。所以有人认为人类的语言不过是有声的挠痒痒。我们的语言里面充满着的祈求、哀求、愤怒、和善、讨好、高兴等情绪，在挠痒痒的过程中都能体现出来。按照进化论的思想发展下去，就会认为人类的技术进化其实没什么稀奇的，只是自然进化的一个环节。

心理能量冗余论

但是这个思想遭到了另外一派人的反对，这派人不相信人类能够自然而然、连续地进化过来，而是强调一定发生了某种突变。我们把它称为“突变论”，与连续进化论相对比。突变论当然不是没有理由。它的第一个理由，认为单纯自然的原因并不能解释工具的起源。为什么呢？我们的类人猿兄弟也同样遭遇了环境变迁，不用工具也活下来了，对不对？所有的动物都不用工具，为什么人这种动物就要用工具呢？就算是环境变迁，被赶到了平原地带，可是平原地带也有很多灵长类动物，它们也没有用工具，也活下来了。如果纯粹按照进化论，那就应该是没有犬齿不能吃肉的人灭绝了，有犬齿的、能吃肉的留下来了。这里面不需要工具，所以单纯自然的原因不能解释工具的出现。工具的出现一定还有其他的理由，这是第一个。第二个理由，即工具的出现一定包括了预见和智能的原因。工具的制造和使用都是有预见性的。所有的工具都包含智力的成分，都包含着预见，包含着计划，包含着策略。这样一来，人的工具就要和人的智能结合在一起考虑，工具的出现与人的出现直接相关。

这个理论认为，人的起源恐怕不能从单纯的自然进化论中找原因。我们需要进一步追问，人除了是动物之外，他还是点什么？你只有抓住人剩下的那点东西，才能解释工具是怎么出来的。

这就引出了另一种关于人的理论。这个理论认为，人的起源恐怕不能从单纯的自然进化论中找原因。单纯的进化论只是一种事后诸葛亮的解释，给的是外部的解释，而不是内部解释。我们需要进一步追问，人除了是动物之外，他还是点什么？你只有抓住人剩下的那点东西，才能解释工具是怎么出来的。如果人完全是动物的话，工具的出现就解释不通，尽管也可以解释一点点。这个新的关于人的理论就是所谓的“心理能量充沛论”。

内部解释我们通常把它叫做 interpretation，外部解释我们把它叫做 explanation，这两个是不一样的。通常认为科学理论是外部解释。譬如说有些光为什么是红的？科学会说是由它们的波长决定的，跟眼睛没有关系，因此它是外部解释。内部解释会怎么解释红的光呢？它会说红光跟我们内心的火热的念头有关系，这是内部解释。为什么我们看见红的就热血沸腾呢？鲜血是红的，而鲜血又意味着生命、意味着牺牲、意味着壮烈，等等。这是一个 interpretation，所以说人文学科强调 interpretation 这种内部解释。explanation 一般翻译成“说明”，比如“科学说明”，而 interpretation 译成“解释”。“解释学”就谈“解释”。关于工具的起源，进化论的说法我们称之为科学说明。科学说明的特点是用已知的来说明未知的东西，但不能从根本上解释我们为什么做红旗，不做绿旗。国旗为什么是红的？当然是和血联系在一起的。血意味着革命、暴力，等等。这是内部解释，把人拉回到内心世界。

科学说明的特点是用已知的来说明未知的东西，但不能从根本上解释我们为什么做红旗，不做绿旗。国旗为什么是红的？当然是和血联系在一起的。血意味着革命、暴力，等等。这是内部解释，把人拉回到内心世界。

技术的起源，我们有一个内部的解释，就是心理能量太充沛。提出这个解释的一个重要人物的名字值得一记，叫路易斯·芒福德。这个人物很重要，但是国内对他不熟悉。路易斯·芒福德是个美国人，1895 年出生，1990 年去世，活了 95 岁。他独树一帜地提出了和传统不一样的理论。他认为，任何对技术的理解都不能离开对人的理解，而人不能完全等同于动物，要把人当成人看。如何把人当人看？他认为人之为人首先是有心理的，心理是一种内在状态。人能讲“我”，“我”就是内在的。小孩一开始不会说“我”。譬如说一个小孩叫毛毛，他就会说毛毛怎样怎样，不会说“我”。他采用的是一种外部的讲法，而“我”是内部状态，内部状态就是心理状态，而心理状态无法完全还原成外部状态。现代科学试图对它进行还原，拿一个芯片放到脑子里，看看高兴的时候会有怎样的反应，痛苦的时候会有怎样的反应，这些因果关系是可以找到的，但不可能把人的全部心理状态都如此这般还原。

芒福德认为，技术的起源必须得考虑人的内在状态。他说人与动物一个很大的区别在于，人的心理能量极其充沛。这个心理能量导致人干什么？一个显著的表现就是愤怒。这个东西在某些高级灵长类动物身上也能看到，有的动物发威的时候发出怒吼。他认为人的这种状态更厉害，厉害到什么程度？难以控制！人类的先祖是怎么进化的呢？他说那不是因为弄吃的、求活命那么简单。人的先祖，为他的巨大的心理能量所困扰，这个心理能量包括性能量。弗洛伊德在西方很有市场，我们中国人往往不大理解，其实性能量讲的就是心理能量。青春期的人们会有体会，不知道自己怎么办，感觉自己要爆炸。当然了，现代人虽然在青春期仍然有骚动，但问题不是很大，我们各项复杂的文明机制把我们的心理能量都安抚住了，提供了多种多样升华和超越的渠道。但是原始人还缺乏这些机制，巨大的心理能量安抚不了，怎么办？充满了恐惧、愤怒甚至绝望的情绪。我们是晚上做梦，他们是白天也做梦。为什么所有的文明都从各种宗教、准宗教开始？因为恐惧，莫名的恐惧！从这种角度看，芒福德的强调是对的：为什么你们总讲工具？那只是因为现在是个工具时代，你们把人只当工具使用者看了，所以你们就老强调人的起源在于使用工具。现在我们要回到人的本能状态，实际上我们是心理能量的巨大载体。

其实性能量讲的就是心理能量。现代人虽然在青春期仍然有骚动，但问题不是很大，我们各项复杂的文明机制把我们的心理能量都安抚住了，提供了多种多样升华和超越的渠道。

为什么所有的文明都从各种宗教、准宗教开始？因为恐惧，莫名的恐惧！

我们也可以补充他的讲法。人会喝酒、喜欢喝酒，为什么？喝酒就是要制造和保持幻觉。喝酒是人类一个非常古老的习惯。相比而言，中国人吃辣椒是很晚的。辣椒是哥伦布从南美带回欧洲，明末清初又从欧洲传到中国，先是传到长江下游，后来传到四川；四川人吃辣椒的传统才400年，但人类喝酒的传统和人类的进化是相伴随的。人为什么会喜欢酒？或者说为什么会喜欢果实腐烂之后产生的那种液体？一句话，因为它可以导致幻觉，是所谓的致幻物质。现在有人甚至说，火的功能也不单纯是因为要烤火、烧肉吃，相反，火的很大一部分功能是产生致幻效果。你在火炉前烤久了会产生幻觉，原始人

现在有人甚至说，火的功能也不单纯是因为要烤火、烧肉吃，相反，火的很大一部分功能是产生致幻效果。

住在洞里面，洞里面空气不太好，一烧火时缺氧状态和喝醉差不多，所以火种的保留和人对幻觉的追求有关系。这是另外一套完全不同的解释，可能是你们第一次听说。要打开思路。如果只是说技术是工具，工具是人用的、人制造的，服务于人的目的，这么讲下去讲不出什么名堂，技术哲学就没什么可说的。现在就是要打开思路。芒福德讲得很对，人类首先要面临的、困扰他的是巨大的心理能量，原始人发疯、发狂、自杀、挑衅、打斗都源于此，因为心理能量太充沛了，不能有秩序地释放。现代人犯罪也是由于心理能量过剩，没有规训好。文明的力量就在于对我们身体的、社会的、理智的东西进行规定。所以芒福德说，讲人的本质别从吃饭讲起，要从大脑讲起，从心理上讲起，因为我们的心理决定我们成为人，而吃的东西只能决定我们是动物。你看猪成天吃，猴子也是成天吃，成天吃的只能是动物，所以说要理解技术先从心理开始。

什么是人？芒福德说人的本质不是所谓工具的制造者和使用者，而是符号的制造者和使用者，Symbol 可以翻译成“符号”或者“象征”，其实就是“意义”！人类是意义的制造者和使用者。譬如在黑板上画个东西，动物是看不明白的，它除了知道涂了一些痕迹之外，不懂得任何东西，而人明白更多的东西。所以芒福德说符号高于工具，工具要成为人的工具必须得先有符号的制造和使用。他说技术的起源首先是为了安抚人类那颗躁动不安的心。早期的金属不是用来做枪的，而是用来做首饰，项链、耳环、手镯等，所以第一次冶炼的金属不是用来制作武器，而是装饰品。他说，那时候人的吃喝不成问题，人比较少，可吃的东西比较多，填饱肚子很容易。现在人很多，可吃的东西少，于是就以为我们的祖先也很饿，其实我们祖先不是饿，而是怕。当然，我们待会儿还会讲到，现在的人类可能又进入了一个不是饿而是怕的时代！就是所谓的风险社会。在普遍匮乏的时代，人类只有饥饿，没有害怕。到了今天普遍冗余的时代，人类开始把害怕放到了饥饿之前。这很像是史前时期的人类状况。人类进化了半天又回来了，今天又回到了我们远古先祖遇到的难题。我害怕！农业社会的基本问题是我饥饿，对不对？发达工业社会的基本问题是我害怕。怕什么？害怕整个工业体系的不确定性，这一点类似于远古人类的情况。远古人吃不成问题，主要是害怕，怎么办呢？为了调适内在的恐惧心理，必须得做一些文化上的功课。第一步就是制造各式各样的人类符号，制造意义世界。装饰就是一个符号，寄托一个意义，所以你在墓葬里很少看到有工具陪葬，都是装饰品陪葬。所以对早期人类而言，珠宝比武器更重要。早期种植的东西呢？人们不饿嘛，所以肯定种的不是大麦小麦，第一批种的东西是鲜花，鲜花有芬芳的气味、赏心悦目的颜色。是审美导致人成为第一批人。第一批轮车也别认为是用来搬运吃的东

现在人很多，可吃的东西少，于是就以为我们的祖先也很饿，其实我们祖先不是饿，而是怕。

为了调适内在的恐惧心理，必须得做一些文化上的功课。第一步就是制造各式各样的人类符号，制造意义世界。装饰就是一个符号，寄托一个意义，所以你在墓葬里很少看到有工具陪葬，都是装饰品陪葬。

西，最早的轮车是灵车，是用来运送遗体的。杀人也不是为了抢东西，而是为了祭祀，现在祭祀不杀人，杀头牛，杀只羊。所以芒福德强调人在创造工具之前得先把心理创造出来，没有心理，工具创造出不来。

这是一个方面，工具之前必须有心理，可是这些心理如何被创造出来呢？芒福德认为仪式非常重要，仪式帮助人类确立稳定的心理状态。仪式也是人类最早用来自我规训的技术，我们今天称之为“社会技术”。仪式是一种重复活动，用来规范人们反复做一件事情，看着很单调，其实是其乐无穷。譬如说小孩子的游戏，小孩子乐此不疲，多米诺骨牌摆好了，一推，推翻了。再摆，再推。大人肯定觉得很无聊。我们今天对仪式不太讲究，觉得无聊。再也没有严肃庄重的场合，这不过是意义世界被解构的结果。不重视仪式，就是看淡人生意义，不愿意沉浸到里面去。所有的仪式只要你不沉浸下去，你就会觉得它无聊，因为它单调又重复。比如鼓掌鼓了一次又一次，一会儿站起来，一会儿坐下去。但是芒福德说，仪式里面的重复动作恰恰是对人的内在过剩能量的一个很好的压抑方式。我们今天对周期性仍然有爱好，比如音乐就是周期性重复，某个主题一现再现，再现完了可以变调，反复演绎，每重复一次都让我们觉得很亲切。人们对重复的东西（仪式）的爱好来源于这个。当然，现在的工业时代，我们厌烦了机械式的单调重复，

我们今天对仪式不太讲究，觉得无聊。再也没有严肃庄重的场合，这不过是意义世界被解构的结果。不重视仪式，就是看淡人生意义，不愿意沉浸到里面去。

那是因为机械式的单调重复再也不用于仪式。你可知道我们当初迎接机器的时候也是很高兴的，机器唱歌了，工人阶级很高兴，还鼓掌呢，这是仪式。每个人深深感觉到了自己被领向一个有希望的新时代——工业时代。

人类早期的基本活动是什么？唱歌、跳舞、表演、模仿、典礼、巫术、图腾、葬礼，都是仪式。我们的早期先祖不干别的，就喜欢干这些。现在许多少数民族还是这样的，日日欢歌，感觉很幸福。当然从我们的角度看，他们很穷，吃不上什么像样的东西，但是人家很幸福。每一个动作都很有意义，举手投足都是符号、创造。我们现在很单调，在我们眼里没有什么有意义的东西，越现代，越空洞，越无聊，越没有意义，这是问题。所以芒福德认为，技术里面最早的是“社会技术”，当然比社会技术更早的是“身体技术”。身体技术可以从两个意义上说。第一个，人的身体生下来是相当“柔软”的，他是无规定的，因为无规定所以他能变成狼孩。由于某些原因没有被人类所抚养而被狼群所抚养，他就变成了狼孩，他走路的姿势和狼一模一样。人的这种无规定是很有意思的，你不可能使一头牛变成一头狼牛，为什么？因为牛有本质，人没有本质。这样一来，人倒是可以做任何事情。人可以做到，他死了但是他还活着，他活着却已经死了。任何动物都做不到。人的身体的第一步是受到规训。小孩学走路、说话、各种表情和身体技巧，可以说是千锤百炼。为什么机器人走路那么难，人走路却极其轻松？因为我们人已经积淀了一大批我们自己完全无知的关于走路的技巧，我们一点也不知道。就如你会骑自行车，你讲讲怎么骑的，讲不出来！你会滑冰，怎么滑那么好？告诉我一个诀窍吧，告诉不了。你走路怎么那么优雅漂亮呢？这些都是没法传授的。既然没法传授，计算机就不能使之程序化，既然不能程序化，就无法用到机器人身上。机器人必须程序化，必须得说出来，说不出来就造不出来。可是你要知道，我们人类大部分事情都说不出来。我反复说过，我们人类有一个基本特点是，我们知道许多我们自己都不知道的东西，我们知道许多连我们自己都意识不到的东西。譬如说走路，你不需要知道如何走就会走，可是不能想，一想你就不会走路了。你要是反省一下自己是如何走路的，并且按照你所想的那样子去走，你就不会走了。你看赵本山的《卖拐》里面被忽悠的那个人，就是因为他想，想着想着，自己就不会走路了。所以说，我们无知有时并不是我们的缺陷，反而是某种正面的东西，是我们的长处，我们只有懂得遗忘才能成为人。

我们人类有一个基本特点是，我们知道许多我们自己都不知道的东西。

回到身体技术的第二个方面，也就是社会技术。芒福德强调基本的技术是社会技术、礼仪技术，这种礼仪把人规训成人，一个社会上的人，一个懂得社会礼仪的人。我们年少的时候特别喜欢参加一些典礼，对吧？我们不但喜欢出去玩，还喜欢开班会。开班会的时候很庄重，要表扬一些人，批评一些人。小孩喜欢做游戏，大人看了会觉得无聊。游戏没有任何功利目的。今天的成年人都倾向于人活着不要做没用的事情。现代人都这么讲，要做点有用的事情，可是小孩子整天做没用的事情。小孩，是我们人类的真正根源。小孩做的事情恰恰是我们远古的先祖们做的事情。小孩的游戏，是一些单调的、重复的、看似无意义的活动。实际上，他在游戏中创造，所以创造力最强的是孩子。现在我们中国的教育很成问题，从幼儿园开始就慢慢地扼杀小孩的创造力，到了博士就彻底扼杀光了。然后说，你们要搞创新。到了这个时候，我哪儿会创新呀？我本来是会的，小时候是会的，等我们长大后就不会了，因为教育把我们的创造力扼杀掉了。在小孩的游戏和仪式中发生着自我的觉醒。我们的自我是通过外部的仪式创造出来的，是通过外部世界的构建被同时构建出来的。所有的少数民族或者原始民族、原始文化都是通过仪式的方式来奠定它们的文明方式的。社会技术在芒福德看来甚至要高于身体技术，在制造人类的意义世界这个角度看，它是比身体技术还高级。人类的身体是在仪式中被锻造出来的。人要参加仪式，所以要打扮自己。如何走路，如何装扮，都是为了仪式。为什么我们的国旗护卫队天天要练正步？因为守护国旗是最庄重的仪式。这是至今还保存

小孩的游戏，是一些单调的、重复的、看似无意义的活动。实际上，他在游戏中创造，所以创造力最强的是孩子。

我们文明的秘密依然是仪式，它是我们文明的核心部分。

着的重要礼仪活动。我们文明的秘密依然是仪式，它是我们文明的核心部分。所以，在一个心灵优先的技术起源方案里面，我们要先着重社会技术。

启蒙时代高举理性的旗帜，可是理性首先是男人的理性，所以启蒙时代也是男权主义甚嚣尘上的时代。

过去强调工具，可是工具理论是在 18、19 世纪构建的，这个时代正好是启蒙运动时代。启蒙时代高举理性的旗帜，可是理性首先是男人的理性，所以启蒙时代也是男权主义甚嚣尘上的时代。我们始终把人规定为使用工具的动物，问题是使用什么工具呢？进攻型工具。就是投枪、矛这些东西，或者扔铁饼，或者拿刀切割，都是进攻型的。芒福德认为这个进攻型工具其实不是最重要的。最重要的是容器，容器在人类文明的进化过程中起更大的作用。没有容器，就像老熊掰玉米似的，掰一个扔一个，哪有文明呀？所以芒福德认为文明的最基本的东西，是罐子、酒杯、粮仓、火塘、炉膛、房子、城市、城邦，甚至一般意义上的语言。语言是一个大容器，装一切东西，以至于我们的世界界限就是我们的语言界限。所以他说，“生活技术”高于“权力技术”。所有这些进攻型的工具，本质上只是一些权力的使用。而在人类的进化过程中，符号的力量、制度性的力量永远规定着、制约着各种各样权力的使用，因而生活技术高于权力技术。进攻型行为仅仅是一种本能的发挥，刚才我们也讲了人类本能的充沛，但本能的发挥没有方向、没有目标。我们通过压抑它，对它进行规训，给它制定条条框框。

所有这些进攻型的工具，本质上只是一些权力的使用。而在人类的进化过程中，符号的力量、制度性的力量永远规定着、制约着各种各样权力的使用，因而生活技术高于权力技术。

人类早期的性能量的释放和规训是通过严格的制度，所以我们看到越是原始社会，它的性禁忌越厉害，通过外部强硬的制度把你搞定。现代社会在制度上已经非常松弛了，所以性的问题成了一个很大的问题，我们不知道怎么去控制这个东西，所以人类又面临着一种新的不稳定状态。在新一轮的能力释放和规训的过程中，有一种基本原则还是求稳定，追求和保证确定性。这个稳定性和确定性其实也可以看成是生存策略，这一点可以和进化论者沟通。因为如果你老是不稳定的话，文明就会崩溃掉，只有那些特别稳定的文明留存下来。所以我们看到四大古代文明都是极其稳定的，生存了几千年。像埃及在 4 000 年间，社会结构基本上是不动的，社会阶层分得很清楚。奴隶世代奴隶，贵族世代贵族，做木匠的就世代做木匠，念书的世代念书。这种非常僵硬的制度保障了原始文明的留存。不能老创新，你老创新就创没了。科学哲学家库恩讲得好，科学的发展不是老革命，它必须在常规时期的范式下做事情。什么叫范式呢？就是解难题。按照既有的范式做题就行了，不要老想着革命、颠覆范式。宇宙是怎么回事？空间是怎么回事？你用不着随时随地去追问，只有爱因斯坦这样的人才可以去问，别人老问那就是脑子有问题了。时候不到，不能问这个。现在只有民间科学爱好者，俗称“民科”的干这个。他认为自己挑战爱因斯坦，挑战这个，挑战那个，但是没用。常规时期象征着压正像常规科学是科学的常态一样，压抑也是人类文明的常态。

抑时期。正像常规科学是科学的常态一样，压抑也是人类文明的常态。对人也一样，没有基本的压抑机制他就疯了。大家知道我们的眼睛接受信息量是很大很大的，但是我们看东西为什么能看得那么清晰呢？每一个物体都看得那么清晰稳定呢？原因是我们眼睛本身已经纳入了某种压抑结构中。我们只看那些想看的东西，我们只听那些想听的东西；我们听不到我们不想听的东西，尽管声波在我们耳朵里鼓荡着。比如我们在一个嘈杂得不得了的场合讲话，但是我们仍然能听到我们想听的那个声音。原因是什么？耳朵具有压抑和选择的能力。一个人不能压抑，那就疯了。他眼前海量的信息在他脑子里流过，必定使他产生惊恐的感觉。这就是原始人的状况。所以，制度性规范、社会性技术作为压抑是技术的最原始形态。

制度性规范、社会性技术作为压抑是技术的最原始形态。

以上，我们把两个理论都介绍了一遍，第一个是“生物本能贫乏论”，第二个是“心理能量充沛论”。这两个理论是不是完全冲突的呢？也不一定完全冲突。生物本能的缺乏，心理能量的充沛，表现了外在性缺失而内在性充沛。我们听说过外脑。什么是外脑？我的脑子不够用，我再用我之外的一个脑子，就是外脑，比如智囊就是外脑。一个行政首脑他自己想不清楚那么多的事，他就组织很多人帮他想，这些人就是他的外脑。这是人类特有的一种本领。我们发明技术来补充我们的不足，但是我们之所以补充我们外部的不足，首先是因为我们内部很充实，或者是太充实了。我想这样一个理论可以做一些哲学上的引申和发挥。

“生物本能缺乏论”，实际上就相当于把人的本质确定为无本质，可以看成是一种反本质主义思想。我们经常说，万事万物都有本质。你在什么地方？什么模样？软的硬的？什么颜色？能做什么？这都是本质。我们认识事物都是这么来认识的，所谓透过现象看本质就是这个意思。但是人呢，恰恰要逃避这个透过现象看本质的模式。因为人是无本质的，所以我们说“知人知面不知心”。还有一句“盖棺论定”。只要你不死，你的本质就还没有确定。我们在评价历史人物的时候有时会说某某早几年死就好了，他就完美了，不死就犯了很多错误，晚节不保，等等。亚里士多德也说评价一个人要用他的一生来进行，为什么这么做？因为人没有本质。有时候听见人说，这家伙我怎么早没看出来！这个感叹是一个本质主义的感叹。人就是这样子，所有人都会变化的。当然，为了有效的社会交往，我们都希望对方别改来改去，有一个稳定的形象。跟一个比较稳定的人打交道比较安全。文明也是如此，通过压抑把你定型，把你变成拥有某种本质，这样好办事，好打交道。比如“文化大革命”时期很盛行出身论，这是一种强本质主义思想。你是地主出身吗？那你肯定反动。你是知识分子出身呢？那你是臭老九，在大是大非面前容易摇摆不定。这种本质主义有好

有时候听见人说，这家伙我怎么早没看出来！这个感叹是一个本质主义的感叹。人就是这样子，所有人都会变化的。

处，就是办事很方便，不用动那么多脑子，每次都要临场判断。每次搞运动，把地主拉出来斗一阵就完了，很方便。但是这种本质主义的荒谬之处是很明显的。我们知道地主中也有好人，贫农中也有坏人。没有哪一种身份识别系统可以穷尽一个人的本质，没有任何范式可以把人彻底框住。这话也可以这样讲，就是人没有本质，他永远在变化当中。人的非本质到什么地步呢？人甚至可以成为非人，我们有时说过着非人的生活。人可以禽兽不如，人还可以变成超人，什么都可以。所以，我们说生物本能的缺乏是一种反本质主义的人论。

人没有本质，但人又希望把自己本质化。这是一个矛盾。矛盾不要紧，没有矛盾就死了，有矛盾是活的。人如何把自己本质化呢？通过建构，人的本质是被建构出来的。谁建构的呢？当然是自我建构的。通过什么建构的？通过技术建构。技术构成了人类本质建构的基本环节。这就是今天我们为什么对技术大讲特讲的根本原因。过去我们常说技术是中性的，现在看来并非如此，用什么技术将会决定你是什么人。明天和后天还有两讲技术哲学的讲演，我们将从更多的角度来讲讲技术如何建构，讲讲技术如何同时是世界的构建者和人性的构建者。但是我们要特别注意，这种起建构作用的技术是广义的技术，而不能仅仅理解成狭义的工具。如果把技术只做狭义的理解，那你就把人简单变成一个会耍棍棒的猴子了。人是否只是一个

人的本质是被建构出来的。谁建构的呢？当然是自我建构的。通过什么建构的？通过技术建构。

会耍棍棒的猴子呢？当然不是。下面我们来讲一讲技术的三个类别。

技术的三个类别

过去我们一说技术，就是工具，就是机械技术，或者简单来说就是自然技术。当然“自然技术”这个词也不一定很恰当，意思是说与自然打交道的时候使用的技术。所谓“自然技术”往往就是征服自然、改造自然、控制自然的那些技术。芒福德说得很好，人类首要的技术，从个体说是“身体技术”，从群体上讲是“社会技术”。自然技术即工具使用到什么程度，取决于你的社会技术允许的范围。这样我们就提出了技术的三个类别：身体技术、社会技术、自然技术。

中国古代有没有技术？当然有。中国古代什么技术最厉害？我们会首先想到四大发明。四大发明是自然技术还是社会技术呢？很难区别开来。四大发明中的造纸术、印刷术都和文教事业有关系，这和我们中国的文教鼎盛有关系。大家都知道，没有纸、没有印刷术之前多少伟大的文献丢了。现在我们看到的亚里士多德作品全部是课堂笔记，他写的正式的对话全丢光了。苏格拉底之前的希腊哲学家、科学家的书全丢光了。欧几里得的《几何原本》是怎么写出来的，哪些人是他的前辈你根本搞不清楚。这么伟大的人物哪一年生的，什么时候死

四大发明是自然技术还是社会技术呢？很难区别开来。

的，跟谁学的，都搞不清楚，就是因为相关文献全都丢掉了。造纸术和印刷术的出现正好反映了中国人某些方面社会技术的发达：中国是以文治国，是文官治国，是文教国家。所以，有什么样的机械技术取决于你有什么样的社会技术。比如我们中国的火药技术，是用来放鞭炮、放烟花的，烟花是用来辟邪、驱鬼、举行重大的礼仪活动，没怎么用在打仗、造火枪、造武器上面。这样我们就吃亏了，搞得西方列强后来用我们发明的火药反过来敲开我们的国门。火药术的如此这般使用，是我们社会技术制约的结果。还有指南针，是用来干什么的呢？是用来看风水的。这项技术不是用来开辟新航道、发现新大陆、搞殖民地的。

举这个例子其实想说的是，有什么样的社会技术就有什么样的自然技术。再举个反例，就是钟表。钟表的核心技术最先出现在中国。我们宋朝的水运浑象仪基本上就是一个机械钟，水在这里只是提供动力。但是宋朝的浑象仪是一个礼器，它放在皇宫里，皇室用来观天、占星，它没有拿来规范一个社会的生活节奏。西方的钟表技术从修道院开始出现，慢慢变成戴在每个人手上的玩意儿，让我们开始按照讲“效率”的方式来生活。钟表这个事例充分说明了，在不同的社会技术的制约之下，一项机械技术会有不同的发展路径。在中国发展成礼器，到西方慢慢地变成了钟表，成了工业时代的核心机械。关于钟表，去年我们讲了不少。我们讲过，有了钟表以后，人就开始跟着钟表走了。就像唐僧给孙悟空戴了那个箍儿一样，从此以后你就得跟他走了。现在我们要吃饭了，不是我们饿了，是因为时间到了；要睡觉了不是困了，也是时间到了；要上课了也不是大家学习热情高涨了，而是时间到了。这是一个例子。

我们接着看。大家知道希腊时代有发达的数理科学。数理科学可以帮助我们预言、预测，其中的数理天文学最显著，它能知道到某年、某日、某时、某分开始出现日全食，非常清楚，从来没有错过。数理科学的这种预言能力本来是机械技术的一个强大杠杆，但是大家会注意到希腊人对机械技术是完全不关注的。为什么？希腊人的形而上学，完全阻止了这些技术上的发展。他们的自然技术只限于奴隶的那些基本的手工技术，他们根本没有把数理科学中蕴含着的巨大威力释放出来。这个巨大的威力到了近代才释放出来。近代为什么能够释放出来？这与资本主义精神的出现有关系。韦伯讲新教伦理与资本主义精神的关系。正是资本主义精神才为这种机械技术的大力发展，提供了崭新的社会技术的准备和条件。没有社会技术的准备就没有机械技术的发展。这个例子说明了，社会技术决定了哪些自然技术的可能性可以被开辟出来。近代科学技术实际上是多种因素巧合的产物。在很长的历史时期，机械技术和身体技术是受社会技术制约的。我们如何规训自己的身体，完全

在很长的历史时期，机械技术和身体技术是受社会技术制约的。我们如何规训自己的身体，完全听命于一个时代的社会制度。

听命于一个时代的社会制度。社会制度本身就是一项技术，我们叫做“社会技术”。身体的规训受制于一个时代对意义世界的追求。某种文身体现勇敢、体现智慧，或者体现某种性格。对身体的规训本身，实际上就是对人性和世界的双重塑造过程。人类通过塑造自己的身体而表达自己的人性。西藏舞蹈的常见动作是躬腰，表示农奴的谦卑，因为舞蹈就是农奴们发明的。许多少数民族都有一些关于身体方面的夸张修整，比如说脖子弄得很长，耳垂弄得特大，等等。这都是和他对相应意义世界的追求有关系。所以我们说，身体技术和社会技术是最早出现的技术，它们出现之后就反作用于机械技术。机械技术或者工具在某种意义上只是我们身体的延伸，在它的最原初的意义上是一种器官投射的方式，因此，它必然受制于关于身体的技术方面的筹划。棍子是我们延伸的胳膊，望远镜是延伸了的眼睛，喇叭是延伸了的耳朵，等等，都可以看做是身体器官的延伸。

机械技术或者工具在某种意义上只是我们身体的延伸，在它的最原初的意义上是一种器官投射的方式。

但是，仅仅局限于此就太简单了。因为我们的身体不只是器官的简单组合和拼接。实际上一旦有了社会技术，我们的身体技术也就变得复杂了。紧接着，我们的机械技术就开始受制于意义的安排，受制于制度的安排。这种制度的安排以各种各样的方式规定机械技术的发展方向，这就是为什么同样的工艺技术在不同的文明体系下面会有不同的发展道路。今天我们讲科学的发展要和它的人文环境相适应，讲白了也就是这个意思。对我们中国人来说，就是西方发达的现代科学技术到中国的人文土壤里来应该如何更好地发展，这是一个很大的难题。之所以是个难题，就是因为我们要承认这个文化制度作为社会技术更具有支配性。

我们再讲一个例子。现代的大机器是怎么来的？这是我们经常很迷惑的事情。为什么这种巨型的机器只出现在欧洲而没有出现在中国？电网、通信网把全球联为一体，这确实是巨型机器。过去地球上的各种文明是多样化的，一个地方一个样子。现在不一样了，靠着各式各样的巨型机器联系起来了。这种巨大的机器是怎么来的？很多人会说它是技术发展的必然结果。这是很幼稚的想法。刚才我们已经讲了，机械技术的发展必定受制于社会技术，一定有某些观念的东西先行，一定有某些技术原形在支配着。芒福德有一个很好的词，他称现代技术为“巨机器”（megamachine），但他说 megamachine 本身并不必然是一个巨大的工具。它只是一种技术原形。这种原形要追溯到古代的埃及，是埃及发明了最早的 megamachine，证据就是金字塔。金字塔是怎么造出来的呢？对这个问题现在仍然有很多疑惑。比如说那个石头那么大块，那时的工具又那么简陋，怎么拉过来的？各种各样的说法都有，甚至有说那些大石头根本就是人造的水泥。我们现在要追究的是，像金字塔这么巨大的工程，对于埃及这样的国家，以它的生产力是不是搞得起来。现代历史学发现造金字塔大概要用去国家一半的人力物力，这太令人不可思议了。这就必须假定金字塔本身十分重要，它成了所有一切文明压抑中最压抑的东西，它把你全部压住，让你觉得不造它就不行，所以才会动用国家一半的力量去造这个东西，就像第二次世界大战时期美国造原子弹一样。你要知道美国当时造原子弹，也动用了全国三分之一的电力。当然那个时候耗电量不太多，但是三分之一仍然是很惊人的。造一个武器把一个国家的主要精力都投进去，为什么还造？它的道理和造金字塔有类似之处。金字塔成了芒福德所说的巨机器的一个基本模式。金字塔是巨机器造出来的，这个巨机器就是当时的国家组织体系。这个组织体系本身是个机器，以它严密的组织和动员体系，让几十万的民工长年累月地干这个事，你生下就干这事，一直到死，不干别的。芒福德说，这个组织和动员体系就是一架巨机器。我们今天也说国家机器。只不过这个巨机器的零件是有机零件，是由人组成的，是可朽的，不像现在的机械零件是无机的。因此，这个巨机器似乎找不到遗迹。但是它的原形已经遗留下来了，就成了此后一切巨大体系的原型。这个巨机器首先是社会技术，其次才是自然技术。

金字塔是巨机器造出来的，这个巨机器就是当时的国家组织体系。

芒福德本人是一个生态主义者，他认为巨机器是很坏的东西。巨机器注重权力，而不注重生活，所以他说巨机器的目的是指向死亡。指向死亡是最大的压抑。我们人生最大的困惑就是死亡问题。芒福德说巨机器总是通过对死亡的一再宣扬，完成它全部压抑的过程。所以他说现代技术从某种意义上说也是指向死亡的，而不是弘扬生命的。芒福德生前，美国人正在搞登月计划。他说现代的金字塔有了，就是“土星五号”火箭。金字塔高耸入云，“土星五号”也高耸入云。指向哪里？指向月球。月球是什么地方？月球是一个没有生命的荒凉的地方。指向月球，就是指向死亡。所以他说，古代的金字塔和当代以航天登月技术为代表的高科技具有同样的构架，都是巨机器，都是指向死亡。现代人生活在现代技术底下，实际是生活在一个无所不在的基本的恐惧底下。你不按照机器的节奏、机器的路子走，你就死了，你就没活路了。我们现代人已经被压在巨机器底下。我们的教育也是巨机器，高考就是一个巨机器。巨机器的基本形态从埃及开始诞生，是有条不紊、高度重复、极其严格的铁律。这个铁律一度在人类历史上消失过。芒福德也承认，历史上巨机器一度消失了，只在军队里保持着。军队永远是巨机器，这我们都知道。如果军队没有铁的纪律的话，没有像机器那样具有严格的运作节奏的话，那么军队就解体了，就不是一个好军队。所以说军队是巨机器的蛰伏之所。但很可惜的是，现代社会把今天的整个生活领域全部造成像军营一样。这一点我们每个人都有体会，现在的学校、工厂和军营之

古代的金字塔和当代以航天登月技术为代表的高科技具有同样的构架，都是巨机器，都是指向死亡。

间的类似之处是惊人的。

以巨机器这个事情为例，我们看到了社会技术如何起着支配作用。它为我们现代意义上的所谓机械技术提供了一个原型，这个原型就是严格、精确、僵死。我们的钟表，中世纪时只有时针，过了几百年加分针，再过了几百年又加秒针。现在比较高级的表连十分之一秒都出来了，非常精确。但是越精确，你就栽进去越深。通过钟表这种机械技术，完成了现代人的自我压抑。

钟表越精确，你就栽进去越深。通过钟表这种机械技术，完成了现代人的自我压抑。

简单地总结一下。无论是人类的缺失状态还是人类的冗余状态，最终都需要一个拯救。冗余也好，缺失也好，都是不稳定状态，都需要填补、弥补，以达成稳定。用什么填？用技术。怎么填？按照芒福德的观点，先通过礼仪的方式建立一套压抑机制，通过这些压抑机制来规定什么是我们该做的，什么是我们不该做的。什么是我们应该先做的，什么是我们后做的。以此来规定机械技术、自然技术的发展方向和发展规模。我们今天考察技术的起源，一定要跟人性的起源结合在一起考察。技术不是中性的。今天我们对技术的考察要结合社会技术、身体技术和自然技术综合考察。单独地看这个自然技术看不出什么名堂来。但是一旦结合之后，我们就会发现这三种技术如此丰富多彩地相互制约和关联，我们就知道了每项机械技术背后所蕴含着的东西。明天我们就要接着讲在技术背后的政治运作。像麦克风这样的东西背后都有政治，有麦克风的人和没麦克风的人有着不同的话语权力，而权力就是政治。这一点我们明天再讲。

问　答

主持人：感谢吴教授的精彩讲演，下面进入我们的提问环节。哪位同学要对今天的讲演发表感想，或者提出问题，请举手示意，我们的工作人员会把话筒传给你。

吴：掌握话筒就是掌握话语权。我希望大家多提问题，这样我就可以把今天还没有讲到的东西展开来。

问：来听讲座之前，我上网查了一下，网上说您从20世纪90年代以来开始对现实中种种技术现象进行反思。我想知道，您对哪些现象做了什么样的反思？

吴：我在九年前出版过一本《现代化之忧思》的小册子，里面对钟表、生态环境、旅游、气功、地外文明等问题都做了一些解析。此后出版的几本书都更多地谈到了科学、技术、环境等现代性问题。你如果有兴趣可以找这些书来读读。今天关于技术起源的讨论也算是一种反思吧。

问：您说人出生的时候不具有规定性，而是通过外部的仪式、社会技术来构建自己的内在自我。您能不能再讲讲，这件事情在原始社会究竟是如何进行的呢？这样讲根据何在？

吴：芒福德强调仪式的单调重复，既可以部分地释放心理能量，也可以固定某种能量释放的模式。我们都有这样的体会，如果你心里郁闷得很，你可以重复做一个动作，这样会舒服一点。做一次不行，要反复地做。这个重复可以平息你内心的郁闷、愤怒，通过周期性的活动方式把它散掉。社会技术是交往技术。仪式这个东西不是一个人在玩，而是一群人在玩。芒福德这个理论究竟有没有根据呢？他自己也承认他的理论没有实证根据，也没有办法找到实证根据。因为人类远古的活动都烟消云散了。我没法告诉你原始人一定天天跳舞。但是芒福德也反问说，你们讲人一天到晚就想着如何把肚子吃饱，这件事情有根据吗？也不一定有根据。最近有很多化石证据表明，人类在那个时候粮食非常充足，而且人长得体格健壮，倒是有点天天吃饱了就没事干的意思。你们一样没根据，涉及远古的问题大多只有间接证据。真正的直接证据是内在证据。什么是内在证据呢？就是你对人性本身的认同，就是你认为人应该是什么样子。如果你认为人就是会耍棍子的猴子，那么你就会认同远古的人类是按照耍棍子能力不断提高的路线来进化的。我认为人的本质是会做梦、会喝酒的，那我就有理由按照这个方面来设想远古人类的进化路线。有证据吗？我们俩人证据一样多，但我们对证据的解释不一样。为什么喝酒能够成为人的标志呢？这不是开玩笑。人本质上是无，但是我们的生活需要某

如果你认为人就是会耍棍子的猴子，那么你就会认同远古的人类是按照耍棍子能力不断提高的路线来进化的。我认为人的本质是会做梦、会喝酒的，那我就有理由按照这个方面来设想远古人类的进化路线。有证据吗？我们俩人证据一样多，但我们对证据的解释不一样。

种稳定性，所以压抑让我们觉得充实。文明和制度为我们提供稳定的生活，久而久之就形成了本质主义思想，觉得事物各有其位，人也各有其所。生活中有各种各样的规矩，没有规矩不能成方圆。久而久之，我的生活也陷入了某种本质主义的生活之中，就是常说的老套、无聊、风平浪静、波澜不惊等。可是老是这样的生活怎么受得了？我必须把它软化、虚化，把它无化。如何无化？喝酒。喝酒的时候制造幻觉，在幻觉中产生虚无感。在虚无的境界中，一切都可以不是它本来的样子。你是领导，平时我见到你有点害怕，喝完酒，你就那么回事嘛。致幻效果就是把人回归到无的状态。佛教也讲把你的杂念去掉，让你空呀，空掉、倒掉、还原掉，把你的杂念清除掉，把它弄成纯的，也就是把人放回到无的状态。纯就是纯有，纯有就是无，就是空了。所以呢，关于人类起源、人类进化的问题，首先说来还是一个哲学问题，因为它最终关乎你如何去理解人。

问：我们的同学大都是学工科的，学了不少技术。我想问的是，技术对我们人生来说究竟意味着什么？为什么现代人要学习那么多技术？

吴：你的问题比较大，可以分解成两个问题。第一个是你本人为什么要学技术？这个问题比较简单，就是你要找工作，要办事情，要与人打交道，等等。你总要干一行，至于是搞技术、做科学、教书，或者做生意，这取决于你本人的选择，这方面没有什么可说的。第二个方面的问题是，现代人为什么要这么多的技术，要这么高的技术？我想起以前有一个诺贝尔文学奖得主也曾经问过一个类似的问题。他说技术本来是要把人类从繁重的劳动中解脱出来，可是没料到，技术越先进越发达人类却越忙。本来我们指望先进的技术代替人类劳动，从而使人闲得没事，正好从事艺术、科学的创造活动。现在不是这样，技术越发达，人类越忙。以手机为例。它是一种通信技术，应该帮助我们人类更多地沟通。但现在看来，沟通似乎并没有增进多少。有了电话，上门拜年的更少了，看望父母更少了，那种真正有效的沟通反而更少了。相反，有了手机以后，事情更多了、更忙了，本来无关的杂事全来了，而没手机的反而还清闲一点。

本来我们指望先进的技术代替人类劳动，从而使人闲得没事，正好从事艺术、科学的创造活动。现在不是这样，技术越发达，人类越忙。

这种现象究竟是怎么造成的呢？为什么我们全人类都被卷进了这场技术的发明和技术使用的竞赛之中呢？这是一种崭新的时代精神造成的。这个时代精神要求你忙起来。你不忙就不对，你就是碌碌无为，那就白活了。你得不停地干活。干什么活？得干有用的活。什么是有用呢？就是有效率。什么叫有效率？就是单位时间里做的功最多。所以需要计时器，以及以计时钟表为代表的机械技术设备。这个时代是有问题的，这个时代的精神病症也是崭新的。我过去老讲，欧洲中世纪最高贵的姿态是什么呢？是低头沉思、默念、祈祷。希腊人相反，认为仰望星空才是一种最高级的身体和精神状态。因此，希腊的数理科学那么发达，但是他们对于搞个水推磨、水泵什么的，根本不感兴趣。中世纪基督教更不感兴趣。我们中国古代呢？我们的祖先也不是这样的，我们中国古代的礼教制度限制了机械技术和自然技术像近代西方那样的发展。不允许你这么干，那是奇技淫巧，君子羞而不为。所以现代社会为什么会成为一个技术社会，和我们的时代精神有关系。

我们的时代精神刚才讲了，是要有所作为，实际上就是尼采说的“权力意志”，就是要把权力的掌握与运用凸显为我的基本存在方式。人生在世就是为了抓取各种各样的权力，包括话语权。抓着话筒不放，当麦霸也是一种权力意志。这种权力意志肯定是一种新的压抑机制。为了追求权力这个东西，可以释放和归置我们内心的东西。不要以为我们是现代人，原始人那种充沛的心理能量就没了，不是的。我们的祖宗有，我们也有。不过我们被压抑得太厉害，释放不出来。我们需要通过很多方式把它解放出来。当然解放得太多也很麻烦。现代社会就遭遇很多问题。应当看到，每一种新的压抑总是对旧的压抑的某种释放，每一种新的压抑同时也是一种释放，这毫无问题。我认为最大的问题也是最难回答的问题，就是我们究竟处在什么样的压抑之中。“不识庐山真面目，只缘身在此山中。”我们我们对于自己处在什么样的压抑之中是无法知道的，这是我们时代最大的秘密。哲学始终想套出这个秘密，但肯定不容易套住。

对于自己处在什么样的压抑之中是无法知道的，这是我们时代最大的秘密。哲学始终想套出这个秘密，但肯定不容易套住。你刚才的疑惑其实就是这样的疑惑：现代人为什么以这个方式活着？我们到西藏看看，到云南看看，到外国别的民族看看，他们为什么那么活着？我们为什么这么活着？都是很有意思的问题。一个时代的哲学家、思想家其实都是想解答这个谜的，都希望通过解谜的过程来缓解某些压抑。当然同时，他一定自觉不自觉地施加新的压抑。压抑作为技术的基本原形，它是我们人类存在的基本条件。

问： 您后来讲的那个巨机器让我觉得很恐惧、很悲哀，也很迷惑。如果说我们的社会真的在这样的巨机器统治之下，让人压抑得透不过气来，可是就像您说的，我们又总是需要某种压抑，否则人就不成为人，这究竟是怎么回事？我们是不是每个人都要尝试一下醉酒的滋味呢？

吴： 首先，我们需要了解我们的存在状况，要直面我们人类的真实处境。这是一种去蔽，是一种揭示，同时也具有解放的力量，比如你刚才讲喝酒，也有解放的力量，当然同时会加重你的责任。永远处在压抑之中，只意味着这是存在的命运，没有什么可以恐惧和悲哀的。这就像你不可能没有中介地去看东西，不可能不需要眼睛去看东西。你不能说我每次看东西都需要眼睛，这是一种悲哀。压抑对于人生也是如此，仅此而

永远处在压抑之中，只意味着这是存在的命运，没有什么可以恐惧和悲哀的。

已。我们意识到了某种压抑，就想突破它。如果我们完全意识不到，就谈不上对它进行突破了。古代西方人，根本想象不到飞行，他们觉得没有翅膀的人类在现实生活中想飞起来是一种很奇怪的想法。只有天使才能做这个事情。死后能够上天堂，自然就能够飞了。现实生活中想象飞行是一件很古怪的事情。近代之前，从来没有西方人为这件事情而痛苦，不能飞很正常。虽然近代以来，西方人率先实现了飞行和飞天的理想，但近代以前的西方人根本想不到这个事情。你的苦恼基于某种揭示之上。所以我讲，恐惧是不必要的。如果你觉得恐惧，只是表明你希望寻求新的解放，也就是新的去蔽。一旦你寻找到了新的解放，你就完成了一次去蔽。

但是你也要记住，每一次去蔽都是一种新的遮蔽，没完没了。真理不是一样东西可以放在你的兜里。你往兜里一摸，真理在这儿呢。不是这样的。真理就是去蔽，但是去蔽之后，新的遮蔽又出现了，因此真理之路是无穷无尽的。物体不能没有表面，你去掉一层表面，仍然会有新的表面生成出来。真理就像石头的内核，你一旦打开石头的表面，原来的内核就成了新的表面，内核在不断地退缩。所以，对于我们时代的总体压抑谈不上恐惧。我们感到了问题，我们就要创造新的制度，新的压抑机制，如此而已。

问：我有两个问题想请教。第一个问题是，人类史上的战争算不算一种仪式？第二个问题是，人类审美的初衷是什么，仅仅是为了发挥心理能量吗？

吴：第一个问题，战争是不是仪式，刚才我们讲过了。按照芒福德的理解，早期的战争主要是仪式，不是简单的掠夺和杀人。后来慢慢退化掉了，战争的仪式味道慢慢淡了。从电影里我们也看出来了，古代的战争是摆着阵势，旗帜飘扬、金鼓喧天，十足的仪式。中国是这样，西方也是这样。现代战争越来越不像仪式了，但仍然有仪式的味道。

第二个问题，审美是怎么回事？审美恰恰是人之为人的真正秘密所在。审美是无功利性的。人居然能够和世界发生某种非功利的关系，这如何解释呢？对于那些只有功利考虑的进化论者来讲，审美这种能力是如何进化出来的，很难解释。芒福德的确把它看成是一种心理能量的释放机制，这是一种完全的意向性活动，充满着主动的精神。审美是什么？一种完全的无功利状态、合目的行为。游戏也是审美，因为游戏恰恰是没有功利心的。奥运会马上就要在北京开了。照希腊文的本义，Game 就是游戏，奥运会本来就是游戏，不过现代奥运会已经变得很功利了，有商业目的，也有政治目的，这就违背奥林匹克精神了。奥林匹克精神是对力和美的鉴赏。这种超越功利的审美态度只有人才具有，因此它谈不上什么初衷。你是人，作为人便懂得审美。不懂得审美那是一种非人状态。人是很有意思的一种东西，它可以处在非人状态。你完全不懂得审美的时候，就是你完全处在非人状态的时候。非人状态出现的时候就是审美缺失的时候。儿童整天都处在审美当中。他纯粹出于个人兴趣，从来没有任何功利目的，他始终在审美。他把石头一个接一个丢到水里，只是为了看石头砸在水里的涟漪，就为了看这个。工业化时代把审美降低为某种格式，认为这种格式是美的，那种格式是不美的，这是一种对真正审美状态的遗忘和跌落。把美归结为某种格式，是一种审美活动的退化状态。这种所谓美的格式是无法说明和辩护的，反而成了当代一个重要的未决的美学问题。我们应该如何说明包装是美的？为什么时装是美的？时装实际上是人类退化掉的审美活动，它已经完全丧失了早期的那种纯粹性。小孩从来不讲时装的，也没有时尚，所有的孩子只有当他处于一种完全本质状态的时候他才像个孩子。有的故事讲，问一个孩子长大后最想干什么，他说最想捡垃圾，捡垃圾就是他的梦想。这孩子就是在审美呀，垃圾里都看到美，大人却看不见。我想，对这个问题的回答简单说就是，审美是人的天性，是人之为人的标志。

人是很有意思的一种东西，它可以处在非人状态。你完全不懂得审美的时候，就是你完全处在非人状态的时候。

问：有人认为随着现代技术的飞速发展，人的判断力和主动性实际上是在逐渐地丧失。弗洛姆说，从前的人类求助于上帝，现在的人类求助于机器和技术。只要是机器或技术给出的决定，即使是错误的，也愿意去接受，而不愿意花更多的辛苦或时间去思索。我想听听，您关于人类思考力和判断力的丧失有些什么看法。谢谢！

吴：我的看法没有这么悲观。由于人的无本质特征，他确实是借助于他者来认识自己的，这是我们刚才讲的人性构建的基本路子。我们需要镜子。人根本上不知道自己是什么东西，我们通过世界才知道自己是什么东西。我们的世界是什么样子，我们人就是什么样子。我们的技术什么样子，我们人就是什么样子。今天人处在一个矛盾的张力之中，这毫无疑问。因为人总是需要被塑造出来，要成为一个东西。不是东西，就是骂人了嘛；是个东西，我们就踏实了，成熟了。但问题是，这种压抑始终不是完全确定的，人的原始充沛能量不可能释放得干干净净。尽管原始社会、传统社会有很强大的制度力量，把这个充沛的心理能量压制住，但是并不能完全彻底地解决掉，总会有多余的心理能量依然要寻找新的方式来挑战固有的压抑方式。你刚才提到的现代人对技术的恐惧或怀疑，也是人性中一个很最重要的部分。我们始终处在一个革命和常规、范式和反常这样的张力之中。所以这不是一个新现象，是自古皆有的老现象。问题在于为什么机械成了新时代的压抑方式，而上帝反而死了。今天时间有限，让我们明天再来讲技术和政治以及人性的关系吧。

技术与政治*

昨天我们从人类起源和人性建构的角度对技术的本质做了一个初步的论述。我们提出了两个命题，第一个是技术起源的“生物本能贫乏”理论，第二个是人类进化的“心理能量充沛”理论。我们还提出了“社会技术”优先于“自然技术”，甚至决定了“身体技术”的塑造。

今天我们接着讲。现代机械技术与社会技术之间的相互制约更加明显，最突出地表现在政治层面。什么是政治？政治是制度性的约束和强制，是力量和权力的分配和实施，这就是政治。在现代社会中，工具技术往往与传统意义上的权力构架相抵抗，反过来要支配和改变这种传统格局，所以我们今天将以现代技术作为基本的背景，而昨天我们是以原始技术作为背景。从远古走来，今天我们回到现代。

现代技术一个触目惊心的现象就是政治和技术之间有着千丝万缕的联系。亚里士多德有过两个非常著名的定义，第一个是说“人是理性的动物”，第二个是说“人是政治的动物”，或者叫“人是住在城邦里的动物”。“政治”一词来自对西文 pol-

---

* 2008 年 3 月 31 日在东南大学“人文大讲座”的讲演，这里的文字根据东南大学商增涛同学提供的现场录音稿整理而成。

itics 的翻译，中国古代有“政”有“治”，但把它们合在一起变成一个词则没有过。politics 来自希腊文 polis，原意是“城堡”，后来演绎成“城邦”。所谓政治，其原意乃是住在城邦里。什么叫做住在城邦里呢？住在城邦里就是住在一个公共的空间里面，在这一公共空间里面能够对权力进行共享和支配。这就是政治。

住在城邦里就是住在一个公共的空间里面，在这一公共空间里面能够对权力进行共享和支配。这就是政治。

在我们中国，政治是一个很敏感的话题。我们中国人在传统意义上没有什么权利概念，我们每一个人都不大知道自己有什么权利，所以一提到政治就会感到很害怕，很恐惧。实际上这个政治，按照亚里士多德的观点，就是人作为人的一个根本的标志。人不光是一天到晚想着吃饱饭，不是这么回事。亚里士多德讲的是，首先你要运用你自己的权利，参与公共空间的建构。今天我们虽然从政治入手，实际上依然继续昨天的思路，紧紧扣住“人是什么”这个问题。我们继续强调：如何理解技术，取决于如何理解人！反之，如何理解人，就会如何理解技术！讲政治是对技术进行哲学思考的一个基本思路。

今天要讲三个部分内容。第一部分是导论，我们首先要解决一个基本问题：技术有政治吗？政治一般意义上是针对人而言的。一般来说，人有政治态度，有政治立场，有政治眼光，有政治问题，人的一举一动都透显着政治色彩。但是技术也有政治吗？按照我们昨天的思路，它当然是有的，只是昨天我们没有详细地展开。今天我们要详细地讲讲，诸多的技术器械里面实际包含着政治权力的运演，这里面其实有非常激烈的政治斗争。所以，我们先要做一个初步的阐释，要说明技术何以成为一个政治问题。

诸多的技术器械里面实际包含着政治权力的运演，这里面其实有非常激烈的政治斗争。

第二个部分要讲一讲，如果说技术有政治的话，对于现代技术的批评，为什么要以政治批判的方式进行。这就要讲到马克思。我们虽说是一个以马克思主义为意识形态的国家，但马克思的研究还有待深入。就技术哲学问题而言，马克思有一条特有的研究路线，就是通过政治批判和社会批判的方式对技术进行批判。所以这一部分，我们要简单介绍一下从马克思到马尔库塞这些西方的马克思主义者，他们是怎么看待技术的。

第三部分我们将介绍三种技术观。第一种叫做“技术乐观主义”，第二种叫做“技术悲观主义”，第三种是中间道路，被称为“技术转化理论”或者叫“技术批判理论”。我们将分别予以说明。这些就是我们今天晚上要讲的内容，重点放在三种技术观这里。

技术有政治吗

我们先来看看第一个问题：技术有没有政治？过去人们都认为，技术是没有政治问题的。大家喜欢举一个例子，一把刀用来杀人，或用来切菜，这个不能怪刀，而都是人造成的。所以技术仅仅是一个中性的工具，它是没有政治问题的。一个机器，资本主义可以用，社会主义也可以用，封建主义也可以用。过去的西藏农奴主可以买汽车，社会主义也搞卫星上天。我们大家都知道科学技术是第一生产力，它是没有阶级之分的。这个命题刚提出来的时候起过拨乱反正的作用，有非常积极的意义，因为那个时候阶级斗争、意识形态味儿太浓了，弄得大家都战战兢兢。把科学单独提出来，赋予它中性的色彩，有利于它的发展，有利于在那么一个险恶的政治环境中发展科学。但是今天政治不再那么险恶了，相反，科学技术本身已经很强大了，这时，我们反而要重新思考，要搞清楚，科学技术里面到底有没有政治？在科学技术中性论的背后其实也是有政治在起作用的。说技术有政治，这首先是对技术的一个崭新的认识：它不再仅仅是一个中性的工具。过去的人们当然也知道，技术的后果是有政治意义的，但多数人认为技术本身没有政治意义。

技术是不是有政治，只要看一看政治是否干预技术就可以了。因为如果技术仅仅是一个中性的东西，你就没有理由干预它。既然不同的人都可以用，你何必干预它呢？但是历史上有很多这样的例子表明，自古到今，政治始终在干预技术：不让某些技术发展，而大力发展另一些技术。昨天我们讲了社会技术对于工具技术的强大干预。所谓的社会技术实际上就是一种政治行为，是政治运作。社会技术多是一种交往技术，交往里面就有权力的分配问题，就是说听谁的，照顾谁的利益，让谁获益，这都是政治问题。一旦每一个人的权利意识觉醒，一旦每一个人都要维护自己的权益，一旦有维权意识，这就是一种崭新的政治面貌。

昨天我们讲到历史上有很多的社会技术要干预、限制自然技术。为什么要限制呢？如果自然技术本身是中性的，你限制它就是无聊的。好人用它做好事，坏人用它做坏事，任凭它发展就好了，你限制它做什么？限制它只是因为，你如果不限制它，它将会导致某些政治后果。我们举一个例子，在罗马时代，有一个皇帝叫维斯帕辛，这个皇帝大约在公元71—79年在位。他在位的时候有一个发明家发明了一整套的滑轮和杠杆技术，这套系统非常有效。但是这个皇帝知道以后立刻下令把这套发明废除，不许外传。为什么呢？他当时说了一句话。他说我自会有我的奴隶帮我做事情，我用不着这些东西。他深刻地意识到，整套发明一旦推行后，大量的奴隶们将无事可做，而这将导致社会动荡。所以他下令拆除该装置，将它永远打入冷宫。这是政治干预技术的一个非常重要的表现。而且它从反面说明了，这项技术也是有政治含义的。否则的话，政治也不会干预它。任何一项干预，只有跟它相干的它才干预，不相干的它是不会干预的。

我还可以举一个例子：中国早期的铁路和火车的引进，它是一个单纯的技术问题吗？不是。这项技术设施的引进非常困难、阻力很大，老是有人捣乱不让修。为什么呢？大家都知道早期的火车震动很大，地动山摇。有的人就说火车震动这么大，把龙脉给震断了怎么办？打扰了地下祖宗的安静怎么办？也就是说，修铁路有巨大的道德破坏意义，所以就不让修。

还有一个例子，就是蒸汽机被内燃机取代的故事。一般人看得简单，以为内燃机技术上比蒸汽机先进，用内燃机代替蒸汽机是理所当然、顺理成章的事。实际上不是这么简单，技术革新和技术更新换代往往很不容易。蒸汽机一旦形成规模以后，它会本能地排斥新技术，而且在历史上、在实际上也强烈地排斥。我们可以看看今天的 Windows，一旦它取得了垄断地位，它的标准成为一切操作系统的标准以后，别的都插不进去。这个时候哪怕它再落后，它也能够成功地限制别人的进入。和蒸汽机比，内燃机在技术上肯定要先进。但是一旦用惯了蒸汽机，生产商和用户都不大愿意改变。生产商不用说了，用户为什么也不愿意改变呢？因为已经适应了它的速度、它的运作方式，它的用水、用煤一整套操作流程很熟悉了，用户不愿意用内燃机；而且还有安全问题，通常认为内燃机没有蒸汽机安全。最后是什么原因让内燃机战胜了蒸汽机呢？那时正好是 19 世纪后期，美国畜群里面爆发了口蹄疫。这个口蹄疫爆发以后引发了社会恐慌，就变成了政治事件，就跟我们前几年的 SARS 一样。这个事件出现以后，美国人就开始想办法。第一个办法就是把公路两边的饮水处全部给拆掉，因为口蹄疫主要是通过公共饮水源的相互交叉感染引起的。为了平息恐慌，就拆除了公路两边所有的水槽。水槽拆除带来了一个后果就是蒸汽机没有办法跑了。那个时候的蒸汽机都需要经常及时地加水，而且往往用的就是公共水槽，公共水槽一拆就没办法加水了。这样，内燃机就乘这个机会一举取代了蒸汽机。这个例子很好地说明，是政治上的考虑推动了内燃机的发展。

我们还可以举很多例子来说明，如何以技术的方式来显示政治。秦始皇吞并六国统一天下之后，他把所有的兵器都收集起来，铸成了 12 个巨大的铜人。这个铸造铜人的工作是一项巨大的技术活。铜人很高大，除了表明有很高的铸造成就，似乎也没什么用。但是铜人起到巨大的震慑作用，技术在这里是起威慑作用，并没有实际的用处。技术器械用作威慑的象征，历史上有很多这样的例子。埃及的金字塔本身就是一个引起巨大恐惧的建筑，中国的长城也具有巨大的威慑作用。首先是它作为权力和权威的象征作用，像历史上的凯旋门、神庙、巨型雕像等具有象征性的建筑，都具有这种威慑作用。这种威慑作用在今天仍然还有。阿波罗登月计划，它到底有多少具体的科学意义呢？难道就是为了验证一下伽利略所说的真空中一个羽毛和一个铁球同时落地的命题？这个成本也太高了。为了验证自由落体定律要跑到月球上去，似乎没有那个必要花那么多钱。应该说它的主要作用也是威慑。阿波罗计划是以美国和苏联为代表的两大阵营之间的“冷战”造成的。美国当时是不惜耗费巨资来做这个事情，背后有强大的政治含义。“东风吹，战鼓擂，世界上究竟谁怕谁”，是东风压倒西风还是西风压倒东风，得看是谁先上月球。你先上了月球，你在气势上就压倒了别人。所以，美国人先上月球了，整个社会主义阵营就很郁闷。资本主义世界的国家都在看这个登月直播，而我们中国只是稍稍地提了一句，就是这个道理。为什么我们两弹一星计划，得到这么高的荣誉？国家为什么那么重视？它是有政治因素在里面的。两弹一星元勋，是我们的民族英雄。他们不是简单的工程师，不是简单的杰出科学家，而是民族英雄。他们是什么意义上的民族英雄呢？他们在突出我国的国际政治地位上做出了巨大的贡献。所以，陈毅当外长的时候就说，我们有了原子弹，我这个外长就好当了。因为这样你说话就算数了；你没有原子弹，别人就不理你。两弹一星成功以后，很多海外华人，不管什么政治立场，都高兴得不得了。这种技术根本不是简单的中性工具，它常常具有非常深刻的政治含义。像核武器，它越来越成为一种威慑力量，所以“冷战”时期就搞核军备竞赛。

某种新技术的出现本身就会导致政治上的动荡。有人说电视机不得了，电视机可以解散军队。当年苏联垮台的时候，叶利钦站在坦克上面对全苏联人民发表电视讲话。他一讲话，军队就开始保持中立、倒戈，军队相当于解散了，没用了，苏联就垮台了。如果没有电视机，叶利钦做这个就没有用。没有电视机，他讲话别人就听不到，苏联解体就没有这么快。当然还有更多的例子，像印刷术推进了路德的宗教改革。宗教改革是怎么回事？新教领袖们有感于传统的天主教教会组织太腐败，他们就提出每一个教徒应该直接面对上帝，不需要经过教会这个中间环节。过去老百姓只能通过教会这个中间环节才能和上帝打交道，教会成为上帝在人世间的一个中介，一个代表，老百姓有什么东西需要忏悔就向神父忏悔。结果就导致有些神父很腐败，谋取不法权力。新教领袖就说不要跟他们搞了，我们直接跟上帝接触。怎么接触呢？那就是读《圣经》。可是过去《圣经》很少啊，通常一个镇子里只有神父才有一部，老百姓都没有。人们只有去做礼拜的时候才可以跟着神父念一段，神父再给你解释一下。印刷术使得《圣经》非常普及，可以人手一本，所以新教改革如果没有印刷术那几乎是不可能的。印刷术就成了新教改革这个重大政治事件中的一个关键技术，没有印刷术，就没有宗教改革。

某种新技术的出现本身就会导致政治上的动荡。

印刷术就成了新教改革这个重大政治事件中的一个关键技术，没有印刷术，就没有宗教改革。

大家都知道马克思经常讲的那段名言，说火药摧毁了骑士阶层。中世纪有一个骑士阶层，他们是守卫城堡的。中世纪的国家很多，有的甚至像我们的校园这么大的一块地方也是一个国家，像德国那么小的地方就有三百多个国家。每一个国家都有城墙，为了保卫这个城墙，就养一批人，叫做骑士，他们专门负责防务。大家都知道他们是戴盔穿甲，拿着长矛。堂吉诃德不是就有这么一套行头吗？当火药发明出来以后，城堡没用了，几炮轰过去就把城堡打穿了，所以，火药就推翻了骑士阶层。这个骑士阶层曾经是封建制度的一个坚强后盾，火药技术却把这个阶层给摧毁了。所以，马克思高度赞扬火药技术对于这种政治革命的重大意义，说火药技术是封建制度的掘墓人。

当然还有很多例子，比如说水利工程。大家知道，以希腊文明为代表的西方社会有悠久的民主制传统，而东方社会多是专制国家，为什么会发生这种现象呢？这个大一统的中央专制制度是怎么来的呢？有一个德国人叫维特夫，他提出一种理论叫“水利社会”。他说像中国这样的地方天气变化无常，一会儿是水灾，一会儿是旱灾，农业灌溉问题始终得不到解决，因此需要兴修大型的水利设施。可是大型的水利设施需要一个高度有组织的机构来主持和维持，他就认为东方由于水利这种天然的需要，必然要搞一个中央专制制度。这个理论就认为东方专制制度来源于兴修水利的需要。如果这个理论是对的话，水利技术本身就不是中性的，因为它要求大部分人会聚在一起干

这个理论就认为东方专制制度来源于兴修水利的需要。

活，会聚在一起干活就有一个服从指挥听命令的问题，有服从权威的问题；需要集中，就有一个专制问题。我们讲专制有时很有效率，原因就是这个。这个典型的例子表明，各种各样的技术里面都包含了利益指向，利益的倾向。任何一种新技术出来了，我们都可以而且应该问一个问题：谁会受益，谁会受到损失。你不要单纯地告诉我，这是一项高技术，是一项技术很先进的东西。并不是任何一项高技术必然带来政治上的公平、平等和正义，这就是我们讲技术有政治的一个基本前提。

任何一种新技术出来了，我们都可以而且应该问一个问题：谁会受益，谁会受到损失。并不是任何一项高技术必然带来政治上的公平、平等和正义，这就是我们讲技术有政治的一个基本前提。

我们已经对于第一个问题做了初步的介绍。就是说自古以来，许多伟大的技术里面都包着深刻的政治含义，这些含义被当时的统治者所意识到，以至于使统治者或者鼓励这些技术或者压抑这些技术，对他们有利的他们就鼓励发展，对他们不利的他们就不许发展，这是第一个问题，我们就讲到这里。

技术的政治批判

第二个问题，我们讲一讲现代技术为什么会走上政治批判和社会批判的道路。昨天我们讲了技术可以做人类学分析，今天我们要对技术做政治学分析。这条道路首先是由马克思开辟的。大家知道马克思有很多伟大的发现，按照恩格斯的说法，他发现了人首先要吃饭才能再干别的事情，这是一个伟大的发现。其实马克思还有很多发现，与我们今天的话题有关系的一马克思说过，手推磨产生了封建领主制度，蒸汽磨产生了资本主义制度。他自己在一定程度上主张，技术本身的革新是一种政治颠覆的力量。

项发现就是“技术有一种能动的革命力量”。马克思说过，手推磨产生了封建领主制度，蒸汽磨产生了资本主义制度。他自己在一定程度上主张，技术本身的革新是一种政治颠覆的力量。一种在社会生活中起主导作用的新技术的出现，必然会带来社会制度相应的改变。这就是我们所说的近代一个很重要的现象，就是自然技术反过来影响和制约社会技术，这个是一个现代性的现象。我们昨天讲了，自古至今都是社会技术在起支配作用，但是今天我们要讲的是，近代以来从质和量上、从规模和程度上，机械技术的发展开始成为一种引人注目的力量，它反过来要干预政治。马克思在 19 世纪就敏锐地认识到这一点。

当然他还不是一个很彻底的技术批判主义者，因为他自己有时候似乎也强调生产力和技术的极大发展本身，具有超越制度之外的独立意义。苏联人有一个口号说，共产主义就是苏维埃加电气化。在这个说法里面，电气化作为一种高技术被中性化了。似乎电气化共产主义可以用，资本主义也可以用。共产主义只是在电气化之外再加一个苏维埃，把这两个加起来就可以了。这种讲法里面其实是包含了一种对技术的政治含义的不彻底认识。

但是我们需要注意的是，马克思最早意识到了，工人的悲惨命运在很大程度上来源于大工业本身，工人阶级整个是大工业生产出来的。他们在谴责工人受到异化，工人的生活很悲惨的时候，也多次讲过工人的悲惨主要来源于他们在大机器面前的无能，机器一旦开动，工人就没有办法。所以他在一定程度上认识到，技术将造就一种政治格局。马克思之后有一些思想家沿着这个思路往前走，认识到近代以来新的社会形态的形成都是由新的技术构成的。最关键的有两样：一个是交通技术，一个是通信技术。交通和通信在英文里是一个词，communication，交通和通信都是交往，都是社会交往技术。所以，近代社会制度的变革起源于一种交往技术的变革。这个交往技术的变革，导致了城市的大型化，如果没有汽车，没有交通工具的发展，大城市是很难大起来的；如果没有通信技术，大城市的管理也是不可想象的。所以，现代城市是建立在这种交往技术之上的。但是这样的技术有一个特点就是高度集中。比如集中供暖，一家一户的供暖效率不高，集中式供暖效率高。集中供暖，就由不得你自己了，它说供就供，它说不供就不供；如果它想供，你不想供都不行，它说不供你也没有办法。这样就形成一种新的政治权威，我们所说的各种垄断集团都是在这种所谓效率的名义下，来实施它们实际上的集中制。马克思时代已经认识到，现代技术本质上是一种强制性的力量。他已经讲过这个问题。他说机器一旦开动的话，每一个人都必须跟上，工人就没有自由了。每一个人必须坚守岗位，按照机器所要求

近代社会制度的变革起源于一种交往技术的变革。

的好好工作；如果你不做，整个工厂就没办法运作，那么工人最终也会失业。所以工人就陷入一个被动两难的选择，要不你就混口饭吃，丧失你的自由；要不你获得自由，就没有饭吃。怎么办？这就是机器本身带来的一种铁的规律，你想活下去，你就必须以失去你的自由为代价。

卓别林有一部电影叫做《摩登时代》。电影里面有一个情节，他演的那个角色站在一个大机器流水线旁边，不停地拧螺丝。这个电影里有很多象征。在那个时代，卓别林就开始了对现代技术进行反省，面对巨大的机器就产生一种巨大的逻辑、压抑、节奏和纪律。在这个逻辑面前你是没有办法的，每一个人都很渺小，每一个人都必须顺从它，不顺从它你就走人。对于现代技术的反省，马克思搞得更早。他早就认识到，专业化和流水线是现代工业的本质。马克思对这个本质是忧虑的，但他本人并不主张砸毁机器，不支持卢德派的砸毁机器运动。卢德派工人要把机器砸毁，要还我自由，因为机器不但会剥夺你的自由，还会剥夺你的岗位。任何一项技术革新的目标就是裁人，因为机器能做的事情都不需要人来做了。第一个在数量上裁人，第二个在质量上裁减技术优良的人。因为，机器越先进，人就越傻瓜，也就不需要这么聪明、优秀、厉害的人。过去的手工艺车间里，某些东西只有少数人能做，这些人就会受到很大的尊重。后来技术革新了，这些优秀的手艺人也就渐渐什么也不是了。过去的熟练工人可以拿工厂主一把，说这个技术只有我个人会，这是属于我个人的特殊技能；而技术革新以后，机器全能做了，你们这些人全都无所谓，把你们全都解雇了。所以，机器的发展伴随的是工人的无能化、平庸化，工人技能的贫困化。这是现代人追求技术革新的一个普遍的后果：技术越发达，用户越傻瓜。我们用的很多电器都倾向于操作简单化，成为傻瓜机器。典型的是傻瓜相机，其他电器也都跟着傻瓜化。你使用这类傻瓜电器越多，你就越无知。你的完全无知，实际上是你把你的权力给让渡出去了，你就把你日常的权力全部让渡给了那些托拉斯，那些跨国集团。我们的权力和智力，在技术产品的使用中悄悄地流失，我们越来越成为在政治上苍白无力的人。所有这些症候，在马克思的时代已见端倪，他已经有所认识。

机器的发展伴随的是工人的无能化、平庸化，工人技能的贫困化。

在近代工业发展史上有几个重要的事件，一个是“泰勒制”的出现。泰勒制，你们学经济学的人都知道，它的原理很简单：作业标准化、规范化，以提高生产效率。机器越完善，工作越简单；工作越简单意味着工人越傻瓜，相对就不需要那么高技术的工人。第二个就是“福特生产线”。福特公司是汽车大王，它是怎么成为大王的呢？就是流水线生产，大大降低成本，提高产量。流水线生产，是我们这个时代技术逻辑的一个高级产物。它要求工业生产的专业化，分工越细越好。你总你本来是自由自在的人，你可以有很多动作，可是只要站在了机器旁边，你就只能做一个动作，这就是对工人的异化。

是只做一件事情，就像卓别林那样，你就总是做一个动作，别的就不要管了。可是，这是无机的节奏对于有机者的一个莫大的侵犯。你本来是自由自在的人，你可以有很多动作，可是只要站在了机器旁边，你就只能做一个动作，这就是对工人的异化。但它却是有效率的。当时就有一个经济学家说，十个工人在某段时间里独立做工，如果手工做的话只能做十个徽章；如果十个人合在一起做的话，在同样的时间内他们可以做四万八千个徽章，但条件是这十个工人所做的工作都不一样，他们对彼此的工作互相不了解，不知道对方在做什么。过去做时都相互比较，谁做得好，谁做得坏，相互学习。比如做一个瓷器，每一个人都做得不一样，大家可以比较，相互学习；现在几乎不知道对方在做什么，做出来之后是什么东西和你也没有什么关系。工人完全被机器化了。工人不是被比喻成螺丝钉吗？做一个螺丝钉，拧到那儿算哪儿。但是福特生产线的确创造了一个奇迹，它在 1908 年的时候，12 个小时生产一辆车；到了 1913 年，93 分钟生产一辆；到了 1927 年，24 秒生产一辆。福特公司在 20 年的时间内推行它的流水线生产方法，生产效率大大提高。工人还是那么多，经过高度的组合和技术革新之后，效率数百倍增长。但是技术越高级，人类越低下，人类越受到贬低，你在机器面前越一无是处。

我们还会发现，专业化的分工也带来官僚阶层的技术化。

专业化的分工也带来官僚阶层的技术化。中国古代的官僚做的是人事，处理人际关系，因此他要受到系统综合的人文教育。

中国古代的官僚做的是人事，处理人际关系，因此他要受到系统综合的人文教育。这个人文教育怎么样我们先不去评价，肯定是饱读诗书，遇事能够引经据典，对儒家一整套伦理规范有深刻的领悟。他一旦遇到复杂的事务，缺乏既有的条文直接参照，还是可以按照人之常情来判断。他的内心总是有一个声音来提醒他，从善弃恶是一个绝对的律令。总的来说，由于科举制度，中国古代的官僚多是文化人，他们对于这个国家的管理方式是一种人伦的方式，不是专业化管理。工业化以后你们会发现，整个政府机构不再是一个伦理教化、以德治国的机构，而差不多就是一个纯粹的指令执行机构。执行的指令也是越来越专门，越来越互相不通。你隔着一个科，对门的事和你没有关系。各部门相互推诿责任，所谓“踢皮球”，跟这个管理方式也有关系。政府组织越来越官僚化，官僚阶层越来越技术化，技术统治就出来了，technocracy 就出来了。这个词有好多种译法，我们把它译成“技治主义”，或者“专家治国论”、“技术专家治国”，简称“技治主义”。我们中国经历这样的事情还没有多长时间，改革开放以来突出一些。我们目前盛行工程师治国的思路，到处都是“工程”，连教育界都充斥着工程的术语。教育部部长是学工科出身的，现在正在实施的“985 工程”、“211 工程”、“精品工程”，等等，全是工程。感觉整个中国就是一个大工地，正在开展各种各样的工程。工程师治国的逻辑处处盛行。

马克思当时提出全面发展的人的思想，实际上就是针对工业化社会的过度专业化，人的碎片化。

马克思当时提出全面发展的人的思想，实际上就是针对工业化社会的过度专业化，人的碎片化。在 20 世纪的发达工业社会，这些问题和毛病更加严重。第二次世界大战以后很多学者在反省这场由科技武装起来的疯狂战争，其中最让人触目惊心的一件事情就是德国纳粹对犹太人的集体灭绝。战争本身当然是残酷的，而这件事情比战争本身更加令人不能忍受。德国也算是一个伟大的民族，出过贝多芬、歌德、康德这样的伟人，他们怎么会竟然想到把犹太人一批一批像处理垃圾一样地集体消灭掉！更令人震惊的是，这个消灭的过程非常专业，非常有效率。一些科技专家被指派去研制高效的毒气室和焚化炉，以便高效地把活人转化为可以肥田的骨灰。《辛德勒名单》里面显示出来的，一边按动毒气室的按钮，一边放着瓦格纳的音乐。他们处理犹太人的过程，有条不紊，一丝不苟，就像在工厂里生产产品一样。这个体系极其科学，技术极其先进。而且更令人震惊的是，第二次世界大战后发现整个事情居然不是少数人干的，德国人民差不多是集体参与的。这件事情的出现，令思想界震惊，甚至有人对西方文明丧失了信心。为什么对西方文明丧失了信心？因为当时的德国差不多反映了西方文明的最高成就。德国人非常忠于职守，从来不对更高的价值产生怀疑。他认为我只管好我的事情，整个社会就好了。就像老是拧那个螺丝，至于我拧的什么东西，运到哪里去了，用来干什么，和我没有关系。我就是老拧它，把它拧紧。忠于职守成了一个职业道德，我就是干我自己的事，别的事情我不管。管理者分科分层，政府官员已经不再是一个完整意义上的人，而是一个零部件，是达成某种指令的工具。他的完善程度取决于他是否能忠实地执行上级发给他的指令，而德国人在这个意义上恰恰是特别的典型。德国人总的来说是非常刻板的。有人玩笑说，深更半夜，晚上 12 点以后马路上一个人一辆车没有，德国人也会等到红灯变成绿灯之后才过马路。这也不能说是玩笑。某种意义上说，这是一些伟大的品质，正是靠着这些品质，他们做出来的东西都非常精良，非常耐用。不过不幸的是，这样的伟大品质碰到了过分强大的工具理性，就出了大问题。

现代技术并不要求你是一个通才。我们的确应该严肃认真地考虑这样的问题：像我们东南大学这样的工科院校是否需要人文教育。如果没有对工业社会的一个批判性反思，大学教育应该如何办的问题就得不到严肃认真的解决。这涉及现代化道路的选择问题。马克思开辟的这些思路，后来都被大大推进，统称为“技术的政治批判和社会批判”。当然我们也要注意到，马克思本人是一种温和的技术决定论，他并不认为技术完全能决定制度。他不是还提到人的全面发展吗？他认为共产主义要比资本主义制度能更好地促进技术的发展，他在讲这个话的时候，技术仿佛又成为中性的东西。在这里，马克思显然是不彻底的。在中国，大家都知道，最盛行的就是技术中性论。今天我们要重新讨论这个问题，既是对马克思思想遗产的一种继承，也是要把这个思路往下推进。

三种技术观

今天一开始就讲到了，有三种技术观：技术乐观主义、技术悲观主义和技术批判理论。技术乐观主义来源于技术中性论。技术中性论认为目的和手段本身只存在偶然的联系，不存在必然的联系。如果这把刀必然指向杀人，那么这把刀对于杀人是有责任的；如果这把刀并不必然指向杀人，可以指向切菜，可以指向干农活，等等，这个时候它和杀人就没有必然的联系，而只有偶然的联系，那么这个时候我们说它是中性的。但是我们都知道，大量的技术和它的目的之间实际上存在着内在的联系。你不可以说造武器可以干好事也可以不干好事，因为武器必然是用来杀人的。很难说造大规模杀伤性武器是一件多么高尚的事情，当然在我们中国有点例外。在西方国家你要是参加原子弹的研制好像不是什么光荣的事情。第二次世界大战之后，美国物理学家经常忏悔这些事情。如果他们参加了核武器的研制，他们会很内疚。这和我们中国的情况有点不一样，这是由特殊的国情造成的。

技术中性论认为，技术本身并不必然指向某种价值、某种目标，但是这种说法是不正确的。刚才我们举了那么多例子，说明技术并不是中性的。或者说，它的中性是相对的，是在非常有限的意义上讲的。在根本意义上，任何技术都是有价值趋向的。由技术中性论导致的技术乐观主义，本身也面临着用技术来说明技术的问题。今天我们碰到了很多问题，比如环境污染、能源匮乏、生态恶化，技术乐观主义者就说，这些问题还是需要通过发展技术来解决。在他们眼里看不到其他的可能性，都是技术主义，除了技术没有别的，而且这个技术就是机械技术、科学技术，从未考虑过身体技术和社会技术这一部分。我们知道，解决环境污染的方式很多，可以考虑改变生活方式、消费方式，以及社会发展模式，不能只想着从技术上如何处理污染物。再比如开核电站的事，你要是养成节约用电的习惯，就不需要这么多电了，就不用开核电站了，所以培养好的习惯也是解决能源问题的一个方案。只不过我们现在觉得没有必要培养好的习惯，或者培养不起来。我们相信人都是很坏的，都很自私，没有办法通过道德教化的方案来解决社会问题。这样一来，技术乐观主义者只是用自己的思想来证明自己。他们认为只有技术才是唯一可以依靠的，因为技术是中性的。

在他们眼里看不到其他的可能性，都是技术主义，除了技术没有别的，而且这个技术就是机械技术、科学技术，从未考虑过身体技术和社会技术这一部分。

技术悲观主义说技术不是你们可有可无的工具，技术本身有它自己内在的发展逻辑，它以不依人们意志为转移的方式来自我发展、自我繁殖。

技术悲观主义来源于技术自主论，认为技术是自主的，是自我发展的。技术悲观主义说技术不是你们可有可无的工具，技术本身有它自己内在的发展逻辑，它以不依人们意志为转移的方式来自我发展、自我繁殖。表面看起来，技术人员又发明了一个新软件，Windows 又有了新版本 Vista，好像是人创造了一个新系统。技术悲观主义者认为不是那么回事，在这里是技术自己在发展，它有了 Windows 95 以后，又有了 Windows 98、Windows 2000，又有了 XP，后来又有了 Vista，这是技术本身内在的要求。你们这些所谓的工程师只不过是技术实现目标的工具而已。在悲观主义者看来，人成了技术的工具。机器也是一样的，我们先造独轮车，再造两个轮的车，后来是三轮车、四轮车；开始是人力车、畜力车，后来是蒸汽机车，后来是内燃机车。这个过程也是机器按照它自己的内在逻辑，一步步地展开，结果必然是这个样子。人是技术自我繁殖的工具，人就成了技术的生殖器官。通俗地说就是人帮技术生孩子，生技术的孩子。技术本身有一种内在的发展，这样技术的发展本身就特别令人悲观，因为人在这个方面被彻底工具化，每一个具体的人都是可有可无的，跟傻瓜似的。人被技术内在地驱使着往前走，人想走出技术的圈子是不可能的。正像我们前面说到的，技术乐观主义者认为要解决技术问题还是要依靠技术本身，而这在技术悲观主义者看来，恰好表明你永远逃不

在悲观主义者看来，人成了技术的工具。

技术乐观主义者认为要解决技术问题还是要依靠技术本身，而这在技术悲观主义者看来，恰好表明你永远逃不出技术这个圈子。

出技术这个圈子。技术悲观主义有许多种版本，技术自主论就是一个。德国哲学家海德格尔讲技术是一个“座架”，德文是gestell，英文译成enframing。“座架”是一个什么东西？通俗讲来就是一个“瓮”——我形容它是一个“瓮”，瓮中捉鳖的“瓮”。把你装进去，你就出不来了。所以，现代技术就像金庸武侠小说里面的一种网，你越折腾它就会勒得越紧。

技术悲观主义强调技术自主论，技术乐观主义主张技术中性论。这两种技术观都有它固有的困难。技术悲观主义是以总体的眼光来看待技术，它把技术看做铁板一块，它没有分清楚不同的技术类型，没有搞清楚技术的不同方面、不同的可能性。只有深入到技术的细节里去，才有可能走出悲观主义的困境。这就出现了第三种技术观。第三条道路主张对技术进行细分，对技术的潜在可能性进行细分，进行深层的挖掘。我们经常问手机好不好，手机当然是一个好东西，但是你也不要完全被手机的逻辑所圈住。手机的发展是有逻辑的，它的更新换代很快，跟电脑差不多。由于电脑更新换代太快，隔两年我就买台电脑，到现在我已经买了十几台电脑。结果整个的IT业都是像我们这样的人供起来的，这不正好是刚才所说的，我们都是IT业的繁殖工具吗？这就是说，表面上看是我们人类在做技术创新，其实是技术本身在役使我们人类做这个事情。但是，有没有办法改变？我觉得还是有办法的。我的手机基本关

表面上看是我们人类在做技术创新，其实是技术本身在役使我们人类做这个事情。

机，只有在找不到电话用而又急需打电话的时候才把它打开，然后打完再关机。这样我就利用了它的好处，而把它的弊端给屏蔽了。有了手机别人就老找你，其实也没有什么很重要的事情，本来没有找到你也就算了。现在的人为什么那么忙，都是自找的。

现在我们就来讲讲技术悲观主义。技术中性论和技术乐观主义我就不多讲了，因为我们中国人大多是技术乐观主义，因为多少年来我们对技术没有基本的反思。在我们的人文素质培养里面，并不包含对技术的反思这一块。我们的人文素养基本上就是搞些文史哲，念点儿唐诗宋词，读读莎士比亚就可以了。对技术的反思我们讲得太少，当然这个话题也是刚刚开辟出来的。按照我们的了解，我们中国人基本上都是技术主义者，都认为技术是好东西，遇到问题首先想到的是靠技术解决。想不出别的办法，想不出比技术更好的办法。所以，效率的观念深入人心，现代技术的逻辑在我们这里可以说根深蒂固。中国现在最大的问题是我们的思想生态极度贫乏。西方国家科学技术很发达，可是你要是问一个美国人长大以后有什么理想？他们中的多数人通常不会说我长大要做科学家，他们比较多地会说要成为影星、歌星、球星，或者是去做公关人员。当然也有人想去做科学家，也有人愿意去做社区的志愿者，还有一些人可能愿意去流浪、捡垃圾之类，但这些人为数比较少。既然如此，那他们的科学为什么还是那么的发达呢？因为他们有一个完整健康的科学生态环境。美国的科学技术事业是很大的一块，政府资助，企业界也资助。但是也要注意美国还有一个民主政治体制，议会经常会制约你，说这个项目钱太多，不能批。比如20世纪90年代美国的超导超能粒子对撞机就被国会给叫停了。这样大的项目，物理学家们当然很高兴了，如果这个加速器上马的话，他们就有事情可做了，就有钱花了，但却受到了民主政治的制约。在美国，还有一个重要的制约力量就是宗教势力。美国的宗教势力很强，宗教势力虽然不怎么敢直接反科学，但是他们认为科学也只是一家之言，特别是达尔文进化论。这样一来就客观上迫使杰出的科学家们亲自进行科普，要尽量向公众讲清楚科学的道理。还有一个制约力量就是西方的人文学科，特别是哲学。哲学是搞反思的，而且作为科学之母，它还喜欢对科学指手画脚，甚至说某门自然科学不太科学。比如哲学家康德就曾经认为化学不是严格意义上的科学，因为它们都是经验性太强的东西。经验性的东西总是在变，今天你发现一个现象，明天又发现一个现象，知识不断地被调整。可是严格意义上的科学是要提供确定性的知识。还有搞宇宙学的，一会儿说宇宙是有限的，一会儿说宇宙是无限的；一会儿说宇宙的年龄是一百亿年，一会儿说宇宙是二百亿年。所以，像康德这样的哲学家就会说你那个科学不够科学。如此看来有好几个因素对科学进行制约：有宗教势力，有民主政治，有哲学老是盯着你，还有文学艺术对科学也不太客气，经常嘲笑科学。比如好莱坞的电影，很多嘲笑科学家的。在美国有 science fiction，我们译成科幻小说，攻击科学的居多。英国的著名诗人雪莱的太太写了一部著名的小说叫做《弗朗肯斯坦》，差不多就是讽刺科学家。她说科学家是疯子，为了显示自己的本事，把全世界弄得乱七八糟的也不管。讲这些情况是要说明，西方世界的科学虽然非常发达，但是制约它们的东西也很多。制约并不是坏事，相互制约就是一个完整的生态，良好的生态就是多样性的相互制约。缺乏制约，就是一"科"独大，什么都是科学说了算，这就是思想生态不良的表现。最近山东要建一个中华民族文化标志城，据说有 60 多个中科院院士同意。中科院院士对这个问题似乎没有什么很大的发言权，可是把他们抬出来，似乎就很顶事儿。在我们这里，对科学和技术的反思性态度还没有成为常态，科学技术的乐观主义市场很大。

西方世界的科学虽然非常发达，但是制约它们的东西也很多。制约并不是坏事，相互制约就是一个完整的生态。

技术中性论我们就不多讲了，下面我们着重讲讲技术悲观主义和技术批判理论。技术悲观主义认为现代社会进入了一个单向度社会：单向度、单维度。这个社会只有一条路，就如我刚才讲的，一"科"独大，都在搞工程。教育也好、技术也好，都是搞工程的。这样一来就造成社会缺乏一种差异感，没有差异就无法展开批判的视角。怀特海说：人们只有在保持着足够差异的情况下，才可能相互羡慕、相互鉴赏，才有交流的欲望。你跟我都一样，我还跟你交流什么，有什么好说的。现在我们出去旅游，游什么呢？都是差不多一样的东西，吃的，都是火腿肠、方便面之类；看的，无非是过山车、妖魔鬼怪窟，爬个吊桥，坐个缆车，等等。到处都差不多，没什么可看的。旅游本来就是要寻找思想的新空间，要刷新，休闲就是recreation，是再创造，现在的旅游景点，没有给你提供差异空间。技术社会有一种趋同倾向，造成了自主、封闭和自我加强。技术这种情况有点恶性循环，刚才讲了，技术的问题只能通过技术来解决，这个理念本身就是典型的单向度。没有别的办法，我无语，不知道说什么，不知道怎么办，除了继续对技术进行依赖，还能有什么办法？这就是单向度。

怀特海说：人们只有在保持着足够差异的情况下，才可能相互羡慕、相互鉴赏，才有交流的欲望。

没有别的办法，我无语，不知道说什么，不知道怎么办，除了继续对技术进行依赖，还能有什么办法？这就是单向度。

第二个特征就是，技术的触角伸向一切角落。处处都是技术，像我们刚才讲到的，你们别看电视上的歌星唱啊唱的，其实他们都是技术员。他们不是在唱，他们都是在进行技术操作。假唱是技术时代歌手的一种逻辑自觉。现代歌星离不开麦克风，其实让他们离开麦克风唱几句，唱得很难听的，哼哼唧唧，你根本不知道他们唱的是什么，都是靠麦克风来美化和放大。某种意义上说，现代歌星也是一个“赛博格”（cyborg），就是通过技术来维持的生命体。如果你安装了心脏起搏器、呼吸机，那是个局部的赛博格；如果你是一个机器人，那就是一个完全的赛博格。其实那些流行歌星，也都是某种意义上的赛博格，都是某种机器来维持他们的存在。脱离那些音响系统，他们什么也不是，唱得很难听，唱不出来，甚至有的根本就五音不全。你如果想让他们像正常人那样唱歌，他们是唱不出来的。他们都是技术员，是某种技术人。技术的控制不仅存在于生产领域，也存在于休闲领域。如果工人太劳累了，像卓别林那样天天拧螺丝，拧得久了，精神垮了，人就疯了，工作能力就丧失了。资本家就请你们休闲一下，以便恢复劳动能力。但是，在技术的逻辑之下，休闲并不是什么事情都不干，还得干，而且干更加刺激的活儿。比如说蹦迪、蹦极、过山车，玩儿的就是心跳，据说这才是放松。通过更重的刺激，达到休闲的目的，这是技术单向度的一种表现。

通过更重的刺激，达到休闲的目的，这是技术单向度的一种表现。

技术社会的单向化还体现在拉平差异。拉平差异有重要的政治学含义。在传统社会，各个社会等级差别很大，西藏的喇嘛阶层和农奴，过的是很不一样的日子，可以说一个天上一个地下。可是现在不一样了，富家千金和我们普通人穿的衣服差不了太多，看电视大致都是一样的电视节目。现代传媒技术、通信技术将我们拉平了。你拿着一个手机，我也拿着一个；大款拿一个，打工仔也拿一个。由于经常看同样的电视节目，不同阶层的人们慢慢就有共同语言了，而过去没有共同语言。比如在录音技术发明之前，你要想听古典音乐是很困难的。贵族一家人有自己的乐团，只给他们一家人演奏，其他老百姓根本听不着。现在不一样了，都拉平了，各种各样的录音和放音设备把我们普通人与演奏大师拉近了。蓝领白领之间的区别在缩小，劳资双方在拉平，公众舆论和私生活也开始在拉平。每一家都有电视机，电视节目来自全世界各地，似乎你是放眼世界的，胸怀家庭、放眼世界，你是和全世界人民同呼吸共命运，就是这样一种感觉。当然这种感觉是虚幻的。电视给你创造一种虚假的感觉，让你沉浸其中，感觉自己特高尚，特关心世界大事。电视有一个特点就是它必须处在信息的流动之中，无论多好的信息，也不能持续太长的时间，否则人们就会“审美疲劳”，什么信息都是飞快地过去。比如说，报道南非有种族歧视，卢旺达又杀了多少人，等等。在传统社会，你要是听说一万人死亡要震动好几天，你设想一下你们村庄的人一下子全死光了，对你会造成一辈子的阴影。现在从电视上听说这事情没有什么意外。如果听到一万人死了，悲哀的感觉持续不到三秒钟就过去了，接着，该打麻将还是打麻将，该聊天的还是接着聊天，对这些事情无所谓。尽管你的眼界非常开阔，什么都知道一点，一会儿陈水扁一会儿希拉里，都知道一点，但是似乎跟你也没有什么大的关系。这种公共舆论和私生活之间差异的消失，产生了什么？我觉得差不多就是昆德拉所说的那种“生

电视给你创造一种虚假的感觉，让你沉浸其中，感觉自己特高尚，特关心世界大事。

命中不能承受之轻”。我们现场直播美军攻打伊拉克，追踪美军的坦克打到了哪里，战争的残酷性由于电视直播这种传播技术，消失了。资本主义和社会主义之间也在拉平，都是为了发展生产力，为了过好日子，小康生活成了共同的目标。所以，技术悲观主义者就认为，在政治层面上，劳动人民、被压迫民族、被压迫阶级再也没有可能翻身了，连反抗和斗争的话语都丧失了。不知道为什么要斗争，觉得这个世界不对头也说不出来，失语了嘛。比方说我要吃饭，反饥饿，技术社会说我会让你有饭吃；你说要住房，技术社会说我会给你房子住。你需要什么，技术社会早晚都会满足你的。最后，你的需要本身都被技术社会给定制了。正是因为如此，技术悲观主义者认为世界陷入了一种平庸的平等之中，而这种平等让人产生依赖，像毒品一样。我最近读了美国一个著名的电视批判家波兹曼的《娱乐至死》。他就认为现代社会到处都在生产娱乐，让人娱乐到死。技术悲观主义者认为，这样一来，技术就使得高级文化丧失了批判的能力，语言平庸化，一切都陷入一种抽象的合理之中，整个社会丧失了一种基本的动力。技术悲观主义者们痛心疾首，因为我们的社会变成了一种单向度的社会，陷入一种万劫不复之中，认为人类没有未来了。所以，20 世纪 80 年代以后，西方就有各种各样的“终结论”冒出来，认为一切都到头了：历史的终结，科学的终结，人的终结，没有人了。人是什

技术悲观主义者认为世界陷入了一种平庸的平等之中，而这种平等让人产生依赖，像毒品一样。

么？人是差异。人是“是”和“所是”之间永恒的差异，人永远不是你现在的自己，你如果永远是你现在的自己，你就死掉了。只有人死了，才能说我永远都这样。人在活着的时候，总是在否定自己，否定状态成为人的活力之所在。但是现在的社会却给了我们一个固定不变的状态，再也没有新东西出现了，技术悲观主义者们往往就陷入绝望之中。西方在20世纪60年代以后受这个思想的影响很大，他们就搞各种各样的破坏，他们认为只有搞破坏才有希望。马尔库塞有一句名言：这个社会唯一的希望就在于有绝望者的存在。当然这个说法很玄很虚，随着大学生运动的平息，大家就又回来过好日子了。他们的理论就渐渐被人们所遗忘了，但是遗忘的只是很极端的那部分，他们所提出的问题并没有得到解决。

人是什么？人是差异。人是“是”和“所是”之间永恒的差异，人永远不是你现在的自己，你如果永远是你现在的自己，你就死掉了。

马尔库塞有一句名言：这个社会唯一的希望就在于有绝望者的存在。

技术造成了拉平，关键问题是，在这种拉平的过程中是不是真正实现了正义、公正、民主。表面看来似乎是实现了，但技术悲观主义者认为恰恰没有实现。可是技术悲观主义给不出出路，只剩下绝望。这个时候，第三条道路即“技术转化论”出来了。技术转化论认为，技术悲观主义所揭示的现象的确是存在的，但是出路并不是简单地否定现代技术，而是要探讨技术转化的可能性，也就是看看技术里面还有没有别的可能性值得探讨，有没有正面解决问题的方案。他们提出了很多案例，我们来简单介绍一下。

现代工业的生产方法普遍采用流水线，这种生产方式会产生高效率，但是它丢失了不少传统的团体生产方式中人性的东西。传统的生产是大家一起干活，说说笑笑，劳动和休闲之间没有明确界限。这个劳动和休闲之间的界限是工业社会带来的。实行流水线生产之后把人与人给隔开了，使他们之间丧失了交往的可能性。流水线虽然满足了工具理性，但是却牺牲了交往理性。哈贝马斯强调说，交往理性要置于工具理性之上。单纯讲效率肯定不行，就像纳粹杀犹太人一样，杀得很快，但这不是人干的事。所以要用交往理性压倒工具理性和效率理性。生产是否要采用流水线，并不是理所当然的，要做效果评估，劳动者应该有发言权，并不是都采用流水线就好。

计算机是另一个例子。计算机技术既可以用来加强中央控制，也可以用来加强个体交往。计算机作为一个终端控制和中央控制器，是非常厉害的。马路上的探头，超市里面的监视器，经过编程处理之后，都起着非常有效的监视作用。过去需要派很多人去监视顾客，担心顾客偷东西，现在不用那么多人了，只需要把监控信号汇聚到一个大屏幕上，一个人就可以了。维护道路交通规则也是如此。这就是计算机的好处，它强化了控制。如果一个政府想要监视每一个公民，从技术上它是可以做到的，因为现在监视的成本很低，技术上能够实现。过去超市里面需要十几个巡查人员，现在一个人就可以监视所有的人。对民主社会来说，这也可以说是计算机的原罪，因为它等于提供了一个专制的工具。在一本著名的反乌托邦的小说《一九八四》里面，描述过这方面的情况。技术悲观主义者看到这个情况就说完了，技术越发展，我们越糟糕，越没有出路，越没有民主、自由、人权。人类所有的好东西，随着技术的发展都会被慢慢地抹掉。技术转化论者反对这种悲观的论调，认为计算机还有另外的一种可能性，它可以扩大交往。这一点随着网络技术的发展中慢慢显示出来。过去我们完全不可能认识的人，通过电脑在网上一聊，就全认识了。现在我们认识的人比过去多得多，所以计算机可以扩大交往。就看你怎么用，你是用它的中央集权的控制方面，还是你用它的扩大交往的方面。

交通又是一个例子。城市里面肯定要用车，没有车就没有城市。但你是鼓励发展公共交通工具呢，还是鼓励发展私人小汽车。公共汽车能够扩大交往，大家一起坐车，听听音乐，挤一挤暖和，增加照面的机会，才有《巴士奇遇结良缘》这样的浪漫故事。你自己坐在小汽车里面就没有这样的机会。美国就面临这样的问题。每家的房子很大，每个孩子都有属于自己的卧室。有的家长很着急，因为他们的孩子往自己的屋子里面一钻就不出来了，兄弟姐妹一人一间房子，互相之间交往太少。如果房子里面有卫生间，就更麻烦了，他连去卫生间都不用出来。这就是技术越发达，越不利于交往。如果技术的发展使我们人类丧失交往能力，那就很可怕了。现在网上有一帮人就很麻烦，他们在现实生活中缺乏交往能力、胆怯、口吃、不敢讲话，但是上网以后就变得青面獠牙、凶恶无比。实际上，他是一个缺乏交往能力的人，需要在现实中进行治疗，可是网络帮助他掩盖了这一毛病，也逃避了现实的交往。现实的交往脸面是要出现的，是有脸交往，面对面的交往，face to face，而脸是一个伦理器官。你说谎脸会红的，心虚脸也红，所以脸是一个伦理器官。可是网上交往，往往是“不要脸”的交往，是脸部不出现的交往。这个网络技术虽然是扩大了交往，但也要注意它所扩大的是何种性质的交往，而耽误了哪种交往。

脸是一个伦理器官。

信息技术的发展使得强势权力由蓝领阶层转移到了白领阶层，使白领阶层作为社会的中坚力量，体力不再重要。因此，信息技术带来了一场权力的重新分配，但它究竟是减少了贫富差距，还是扩大了贫富差距呢？这是一个深刻的政治问题。不能简单地认为信息化就是好，要做进一步的思考。如果信息化扩大了贫富差距，它使得本来没有能力获得岗位的人，越来越没有能力获得岗位，富者愈富，贫者愈贫，那就要考虑是否要无条件地实行信息化。

通信技术作为扩大交往的一种技术，实际上也具有强大的意识形态的颠覆作用。通信技术是好技术，不然人民群众为什么这样欢迎它、拥抱它？它确实具有颠覆传统的等级制、实现民主和平等的功能。通信技术必定是一种交互技术。我最喜欢举一个例子，慈禧太后是一个专制者，对她来说，她所拥有的东西你最好别想拥有，就她一个人有，显得独特。但是有一样东西，她有了之后，她也希望你有。这个东西就是电话，因为电话她不能一个人玩儿。这个例子很清楚地显示出，通信技术天然地具有一种颠覆作用。

还有宣传技术，它既具有广泛传播信息的功效，又具有洗脑功能。现代的广告就建立在这样的原理之上，广告其实就是用来洗脑的。有些营养品的广告天天看，慢慢地就被洗脑了，明知道它没有营养，也会不由自主地去买。电视可能成为扩大民主的一种技术装备，比如刚才我讲到的电视可以解散军队，也可能成为人民的麻醉剂，就像刚才讲到的“娱乐至死”。技术转化论者认为，应该考虑到技术的各种可能性，不仅要制止某种可能性，而且也要发展某种可能性。比如说电子投票，它可能很民主，也有可能很麻烦。电子投票你做不了假，你投的票立马就可以显示出来。但是，它也有不好的后果，第一个结果是匿名投票行不通了。如果你在电子投票中投了反对票，立马就能知道这个反对票是第几排第几列投的，代表们就会有压力。第二个后果是，由于这个投票的结果会很快显示出来，就会影响后来的投票人，比如一看希拉里票数上去了，后面的

广告其实就是用来洗脑的。有些营养品的广告天天看，慢慢地就被洗脑了，明知道它没有营养，也会不由自主地去买。

人就会也投希拉里算了。投票还未结束，结果就出来了，这对于后来的投票者有影响。所以，电子投票，有可能导致民主，也有可能导致不民主；有可能导致人们民主意识的增强，也有可能导致削弱。再如高速公路也是有争议的。我们现在只看到它的好处，其实它的坏处也是很多的：一是侵占了农田，二是导致动物的迁徙困难，改变了原有的生态。另外，高速公路兴建以后，传统上的交通要道就丧失了经济发展的机会。我的家乡，过去有几个很繁荣的集镇，它们是传统意义上的交通要道，但高速公路一修，它们立马就死掉了。因此，高速公路对谁有好处，谁受益最多，应该如何规划路线，这都是问题。现在打着高科技的旗号，通过技术革新变相地进行垄断和谋利的情况很多。比如电视是否都要搞有线电视是一个问题。有线电视是要收费的，问题是，国家是不是必须有几个免费的频道。据说有的地方农民交不起有线电视费，又没有免费频道，电视机都闲置了。

所以，一切技术革新我们都要问一问谁会受益，谁会吃亏。当年的纺织工人非常欢迎搞技术革新，结果是全部下岗了。当年国家号召搞技术革新，是要提高效率，但没有算账，没有算清楚提高效率谁会得益。在这个技术发展史上，一些技术革新并不是都是朝着技术化程度越来越高的方向发展，而是朝着对某一部分人有利的方向发展。举一个例子。20 世纪 40

年代，美国加州大学曾经研制出来一种番茄收割机。这个机器的使用效率是很高的，但是它要求大规模作业，土地面积太小，机器就没有办法发挥它的作用。这项发明的结果导致了一个后果，加州的番茄种植业主由60年代初的6 000家减少到1973年的1 600家，也就是说大部分人都种不了。因为机器非常好用，可以自动分拣大个小个，因为美国超市上大小番茄的价格不一样，光这一项机械化就节省了不少人工。这样一来，买不起这个机器的人就种不了番茄，劳动成本太高了。结果是导致了三万两千个工作岗位没有了。也就是说，加州大学的一项重大发明导致了三万两千人下岗，种植者特别是大种植业主却大大获利。因此，一部分下岗者和小种植业主就去告加州大学，说你们侵犯了我们的权利。你加州大学是公立大学，用我们纳税人的钱去搞技术发明，结果是让我们这些工人下岗了。这次诉讼结果以加州大学败诉告终。这恐怕是我们中国人想不到的。这是技术里面有政治蕴含的一个很好的例子。

还有很多例子。比如说纽约长岛有一座立交桥很奇怪，那座桥建造得很低，公交巴士根本通过不了。造桥者是一个声名狼藉的家伙，他对下层社会的人很瞧不起，桥之所以建造得这么低，是因为他根本没有考虑到穷人也可以通过坐公交大巴去长岛看美丽的风景，他只考虑到了开私家车去看风景的人，这个桥造得让小车过得去就行。这种技术就是典型的种族歧视或者贫富歧视技术。这座桥好像现在还在。过去我们的大街上都没有残疾人专用道，现在的大街上都有，残疾人的权益在技术上得到了体现。在建房子的时候、修路的时候都要体现对残疾人这样一种考虑，这是一种符合人道和正义的考虑。

所以，评判技术革新也要搞清楚这项革新谁会得益，谁会受损。最近有一个案子，是关于 QQ 的。有一种叫做珊瑚虫 QQ 的新技术，它的研发员最近被腾讯起诉。据说这个人是一个革新高手，是个发明家，这项珊瑚虫技术的发明可能是损害了腾讯的垄断地位，所以就遭到了起诉。这是一个很有意思的案例，但似乎没有受到应有的关注。任何一项技术革新，实际上都包含着权力方面的诉求。如果它能够打破垄断，人民群众就会衷心欢迎。有些垄断企业以技术革新的名义，把财富向自己收敛，只对自己有利。所以，在技术的背后蕴含着大量的利益再分配。技术批判主义者就是要考虑，这个利益的分配里面是不是包含着更多的公正、公平、民主，是否包含着更多的交往可能性。过去到银行里去存款取款，你需要站着排队，现在给你发一个号，你坐在那里等，这就是一种非常人性化的空间技术安排，这反映了储户政治地位的改变。但是火车站还是让你排队，这反映的是另一种政治格局。你是强势群体还是弱势群体，一目了然。再比如说水电站，水利部门当然说要多建水电站，多建水坝。问题是建了水坝以后，当地的老百姓是不是

过去到银行里去存款取款，你需要站着排队，现在给你发一个号，你坐在那里等，这就是一种非常人性化的空间技术安排，这反映了储户政治地位的改变。但是火车站还是让你排队，这反映的是另一种政治格局。你是强势群体还是弱势群体，一目了然。

首先的获益者？挖煤老百姓没份儿，出气出油老百姓没份儿，搞水坝，老百姓也还是没份儿，那这些新技术、新产业为什么还要搞呢？过去核电厂搞不搞，化工厂搞不搞，周围的老百姓没有发言权。过去都以技术的名义，以造福全体人民的名义，现在人民群众的维权意识上来了，我们就要多问一下“为什么”。需要电，需要建电站不错，为什么一定要“核”电站？为什么建在我这里，不建在别的地方？问题一定要落实到具体的技术方案之中，而不是抽象的反对或赞成。长江三峡争论的也不是建还是不建，而是高坝好还是低坝好的问题。还有人认为不要搞一坝方案，可以搞多坝方案。建坝涉及多个方面的利益，任何一个技术方案所带来的利益分配是不是充分公开了，是不是让公众参与讨论了，这些都是政治问题，是技术政治问题。

时间差不多了，我们来做一个简单的回顾。我们先是批判了技术中性论和技术乐观主义，接着简单地表达了一下技术悲观主义的论调。我本人更倾向于技术转化理论，我认为技术转化理论更合理。同样的技术，不同的方案就体现了不同的政治视角和不同的利益分配。因此，技术哲学要从政治哲学中吸取营养。同样，当今的时代，作为一个公民，作为一个知识分子，都必须关注技术里面所包含的政治蕴含。今天就讲到这里，谢谢大家。

技术与哲学*

今天我们讲这个系列的最后一个报告。这个报告的难度要大一点，所以我们把它放到最后来讲。这样安排风险小一点，万一讲得不好，反正也讲完了。

对技术的反思有很多的角度，不只是我们这次所讲的三个。我们可以从伦理学的角度去反思它，可以从社会学的角度来反思它，也可以从法律角度来考虑它，等等。我们前两次是从人类学、政治学的角度来反思技术，今天我们要回到哲学的角度。

今天我们讲三个问题。第一个问题，我称之为“技术哲学的历史性缺席”。为什么在西方哲学史上技术没有成为一个反思的主题？我们知道，美、正义、善、艺术、科学都是西方哲学史上的重要主题，但是这么重要的技术却没有成为反思的主题，这是为什么？这是一个非常让人疑惑的现象，为什么技术这么重要却没有被列入哲学反思的话题之中？所以我们先来讲一讲技术哲学之所以历史性缺席的原因。第二个呢，我们要讲一讲技术哲学兴起的原因。这个原因一方面来源于哲学本身的

---

* 2008 年 4 月 1 日在东南大学“人文大讲座”的讲演，这里的文字根据东南大学闫梦华同学提供的现场录音稿整理而成。

变革，另一方面来源于现代技术本身极大的发展。第三个方面呢，我要讲一讲我本人的一些哲学思考。我把它称为“海马主义”。“海”就是指海德格尔，“马”就是指马克思。我试图把海德格尔和马克思结合起来提出一个命题，叫做“技术作为存在论的差异”。我试图尽量简单地把这个问题讲清楚。

今天所讲的这些问题确实有一定的难度，所以我希望大家动动脑筋。哲学问题的确不是那么容易理解，为什么会这样呢？那是因为哲学它太平常了，反而才不容易理解。恢复常识最难了。黑格尔说：熟知不是真知。我们对于我们最熟悉的事情往往缺乏真知。一切“看”都要借助于光的存在，但是光本身我们却看不见，光本身隐匿在我们的视线之中。这个关于光的隐喻对于西方哲学来说具有一般意义，因为西方哲学可以看成是光的形而上学；相比较而言，中国哲学是气的形而上学。西方人讲光，中国人讲气。《圣经》里讲上帝最先创造了光，光是最先诞生的。柏拉图的“洞穴隐喻”也是讲光的，这被看成是视觉中心主义的一个象征。在物理学里面，光也是一个很奇怪的东西。对光的本质的追求，实际上成了推动物理学发展的一个动力。直到今天，光是波还是粒子，仍然是现代物理学的一个问题。今天我们盖房子整面墙使用大玻璃，说明光的形而上学占据了建筑学的主导地位。我们中国古代的建筑呢，窗户都是很小的，怕气漏了。中国人也有自己的讲究，也有自己

西方哲学可以看成是光的形而上学；相比较而言，中国哲学是气的形而上学。

的形而上学。讲这个隐喻的意思是说，我们对于过分熟悉的东西实际上反而缺乏一种基本的了解。

技术哲学的历史性缺席

技术哲学为什么会产生历史性的缺席呢？这里面的问题当然是非常多的，我们只谈谈主要的原因。技术之所以没有成为哲学的正当话题，有两个主要原因。第一个原因来自技术本身，第二个原因来自哲学本身。

技术之所以没有成为哲学的正当话题，有两个主要原因。第一个原因来自技术本身，第二个原因来自哲学本身。

技术本身为什么会逃避在哲学反思的视野之外呢？这是因为技术本身有一个特点叫做“自我隐蔽”。什么叫自我隐蔽呢？我打个比方，在座的诸位有很多戴眼镜的，当眼镜正常发挥作用的时候，它是不会被你看到的，你不会总是感觉到有眼镜的存在。如果你感到眼镜存在的话，那就是眼镜坏了。眼镜坏了的时候，你才会发现它的存在。当它正常发挥作用的时候，它产生了一种自我的退避，这就是自我隐蔽。许多起作用的东西都有这个特点。比如我们人体内部有许多器官在一刻不停地工作，我们的胃在蠕动，我们的心脏在跳动，我们的许多器官都在工作着，但我们都注意不到它们的存在。如果一旦你注意到它们的存在，比如你注意到你自己的胃存在，那就是你的胃坏了；注意到心脏的存在那就是心脏出毛病了。所以作为手段发挥作用的技术，在它发挥作用的时候是隐蔽的，是不被认识到的。这是一个很重要的原因。这样的一种自我隐蔽性通常被人错误地解释为“技术中性论”。技术的中性论就是说技术在目的面前是无关紧要的，你要达到什么样的目的，用什么样的技术是无关紧要的，技术是中性的。所以就像我前两天讲到的，技术一旦是中性的，关于技术人们就觉得没有什么可说的。这是技术哲学历史性缺席的第一个原因。

作为手段发挥作用的技术，在它发挥作用的时候是隐蔽的，是不被认识到的。

除此之外，技术哲学的历史性缺席与哲学的自我规定也有关系。什么是哲学？西方的哲学是讲什么的呢？在西方，哲学是爱智慧。什么是爱智慧啊？它不是一般意义上的热爱智慧，而是专指一条特定的爱智慧的道路。这条道路是什么呢？那就是讲道理，通过追求道理的方式，通过讲道理的方式来追求智慧。什么是哲学？哲学就是讲道理的学问。你们也许会觉得这个说法也太简单了，谁不讲道理啊？是的，人人都会讲道理，可是是否把道理放在最高的位置呢？放在绝对的位置呢？比如说我们中国人吧，当然也是讲道理的，但是我们经常说“公说公有理，婆说婆有理”，这个道理是相对的，不是最高的；相反，人情在我们看来才是最高的。合理不合情的事情，我们是不愿意干的。可见情、理、法这三者，中国人是把情放在第一位，理放在其次，法是放在最后的。西方人呢，讲理讲到绝对的地步。把理讲到绝对的地步才会出现哲学。“吾爱吾师，吾尤爱真理”，这是希腊哲学家的一句名言。这代表了当时哲学的基本精神。为什么他能够做到“吾爱吾师，吾尤爱真理”呢？因为真理具有某种超越性。这个真理要高于其他的一切东西，成为它们的根据，而它自己又具有一种自我的逻辑，也就是说自己能够解释自己，自己能够为自己的合法性辩护，自己能够为自己开辟道路。这种真理或者说理性，我们称之为“内在性”。哲学是什么？哲学就是追求内在性的科学。内在性决定了哲学起源于真理。这个内在性的路子非常“硬”，有了这个内在性的确认与认同，西方人才走上了哲学的道路。科学与哲学原本是一回事，都是关于道理的学问，只不过近代以来，哲学保持了那种把理讲绝的风格，而科学要面向观察经验，理讲得不那么绝，但从讲理这个事情来看，科学和哲学都是西方的路子。

这种内在性的思维在古希腊时期已经形成了一种叫做“本质主义”的东西。本质主义认为事物的道理是事物的本质、事物的根据，而事物本身往往只是一种表面现象，因此，我们看事物要透过现象看本质。什么是本质呢？本质就是使该物成为该物的东西。这个东西是什么呢？就是在表面一切流变的东西背后不变的那个东西。所以本质是不变的东西，是变化背后的不变者。大家都知道，研究这个不变性正是科学的任务。我们熟悉的方程就是提供不变性的。当我们说把自然的现象统一在某种不变性之上了，我们实际上就完成了对该现象的认识。这种不变性曾经被认为就是该事物的本质，这种本质被称为“实体”。实体就像钉子一样，悬挂事物的各种属性。事物的属性是可以变的。比如我今天穿一件西服，明天穿一件中山装。这是我的属性，但是并没有改变我这个人本身。我还是我，我的实体没有改变。所以，本质主义承认有一个事物的“本身”，这个本身是内在固有的东西。我们回顾西方哲学史就会发现，以本质主义为代表，西方哲学走上了一条内在的、理性的、自我确认、自我规定的，从而是逻辑的、演绎的道路。为什么说中国古代没有哲学，也就是从这个角度来讲的。我们中国人毫无疑问是爱智慧的，但是那个路子跟西方很不一样。中国人认为理在事中，理不离事，理事合一，而哲学特指西方人开辟的那样一条爱智慧的道路，就是要讲理，以理论理，理在事外，理在事上，把理讲通讲透讲绝。怎么讲理？就是要找到本质，就是把变化当中的不变者找出来。什么叫做变化当中的不变者呢？我们把它称为“不变量”，也可以称之为“不变性”。学物理的同学都知道不变性原理，很多物理学定律都是在研究不变性，把这个不变性找到，这个东西就搞定了。支持对“不变性”进行不懈探究的，是哲学上的本质主义。本质主义哲学支撑了全部科学的发展逻辑。这就是中国古代既没有哲学也没有科学的原因。

我们中国人毫无疑问是爱智慧的，但是那个路子跟西方很不一样。中国人认为理在事中，理不离事，理事合一，而哲学特指西方人开辟的那样一条爱智慧的道路，就是要讲理，以理论理，理在事外，理在事上，把理讲通讲透讲绝。

这样的一种哲学路径对技术的角色和地位有什么影响呢？我们知道技术作为技术具有典型的外在性。刚才也讲到，技术中性论认为技术对于目的来讲只有偶然的关系。偶然的关系就是相互外在的关系，是可有可无的。我用你或者不用你对于实现我的目的而言关系不大。如果我们说刀是中性的，那就意味着，对于切菜这件事情，刀并不是必然要使用的，我们切菜应该还有别的方式。由于技术中性论思想作怪，技术首先被规定为一个外在的领域。因此，它就不能纳入爱智慧的领域之中。哲学忽视技术或者说丢失了技术，并不是因为某种失误，而是题中应有之义，正因为如此哲学必然不会关注技术，因为它不会关注技术这样的外在领域。技术被认为是一个脱离了我们内在本质的纯外在事物，而本质主义的哲学路径就必然会错失对技术的反思。作为理性动物的人，确立自己的本质存在就是理性。而技术是什么呢？它不过是理性展开自身的外在的、可有可无的手段而已。因此哲学史上从未讨论过实用的技术，造纸术、印刷术、钢笔、墨水、鹅毛笔技术，等等，从来没有被纳入哲学的反思之中，从来就没有人提出过纸张具有哲学意义。但是今天我们知道它的确具有哲学意义。经过我们昨天、前天这么一讲，我们会发现技术里面全是哲学。哲学发现了技术，这是现代哲学的一个重大事件。这个发现是怎么来的呢？我们进入第二个问题。

技术被认为是一个脱离了我们内在本质的纯外在事物，而本质主义的哲学路径就必然会错失对技术的反思。

技术哲学的兴起

技术哲学是怎么兴起的？技术哲学的兴起也有两个原因，

第一个来自技术本身的变化，第二个来自哲学的变化。第一个原因，近代以来，技术本身成为世界历史上的显著现象。过去我们说技术之所以被忽视，是因为它自我隐蔽了。技术自己把自己藏起来了，你当然看不见它。技术是由技术工匠这样一些沉默的大多数，这样一些没有话语权的人掌握着。但是今天呢，技术显现出来了，怎么出来的呢？是由于人类大规模地使用技术。本来大规模地使用技术也并不必然导致技术的显现，因为技术还是自我隐蔽的。但是技术的大量使用造成了什么后果呢？它导致了事故的大量出现，而事故的出现导致了技术的显现。如果眼镜不坏，那么它就显得是可有可无的。但是现代技术的规模很大，技术含量很高、很复杂，因此非常容易出错误。一旦出错，我们就立刻发现了它的存在。小到眼镜大到电站，甚至于核电站。所以第一个原因就是技术成为一个显著的现象：人们发现我们根本离不开技术。大量的电器产品进入家庭，进入日常生活，那么技术越来越成为离不开的东西。一旦技术出事故，人们的生活就被打乱了。所以每一个现代人都深刻地认识到技术的存在，技术哲学从 20 世纪开始就慢慢浮出水面，成为大家关注的问题了。

现代技术的规模很大，技术含量很高、很复杂，因此非常容易出错误。一旦出错，我们就立刻发现了它的存在。

但是，单单是技术的显现还不足以引起哲学对于技术的全面思考，还必须伴随以哲学本身的变革。哲学怎么变革？体现在两个方面。第一个方面就是放弃了本质主义，哲学不再是简单地透过现象看本质。第二个方面就是现象学传统的出现，创立了一种新的透视事物的方式。

我们先讲讲本质主义的瓦解。当然了，本质主义由于其悠久的历史，已经进入了我们的日常话语。我们平常说话还是讲本质的。讲本质就意味着某种正确的东西，某种实际上起决定作用的东西。这样的本质主义遭遇了什么问题，从而使得现代哲学普遍要放弃它呢？西方哲学不管是大陆哲学还是英美学派，都从不同角度消解了本质主义。英美哲学注重对语言的逻辑分析，它通过逻辑分析发现，其实一个事物，除了那一堆现象、属性之外，并无其他什么别的东西。经验论者始终强调我们看到的、感觉到的就是全部的东西，除此之外我们什么都不知道。把这个杯子的外部形状、表面、颜色、功能、光洁度等全都除去之后，怎么可能还有一个杯子呢？传统的本质主义认为应该有一个独立于一切属性之外的杯子本身，也就是杯子的本质，其他的东西都是偶然的，是偶性。比如说这个杯子可以是白的，也可以是黑的，可以是纸做的，也可以是玻璃做的，可以是圆的，也可以是方的，等等。传统的本质主义者认为，把它的硬度、质地、颜色全排除之后，还存在一个杯子的实体或者说杯子的理念。因为有这个实体或理念，我们才能称它为“杯子”。这是一个非常强大的哲学传统，也可以叫做“柏拉图主义传统”。人们说一部西方哲学的历史就是一部柏拉图哲学的注释史，历代的哲学家都是给柏拉图做注释的，可以想见这个柏拉图主义传统有多么强大。我们把 idealism 翻译成唯心主义，现在看来这个翻译很有问题，把它的原意翻译偏了，其实应该翻译成观念论或者说理念论。这种东西实际上就是一种本质主义，至于这个本质是心还是物，是另一个层次的问题。观念论在现代最重要的代言人并不是哲学家，相反是现代科学与现代技术。现代科学与现代技术本质上都是 idealism，都是观念论、本质主义的。讲科学不就是讲规律吗？讲规律不就是讲不变性吗？如果对不变性没有基本的认识，那么你就不是科学家，你还没入门，因为所谓科学就是研究不变性的。

观念论在现代最重要的代言人并不是哲学家，相反是现代科学与现代技术。

近代哲学有一支流派叫做"经验论"，经验论倒是试图解构这个本质主义。他们认为除了经验之外没有任何别的东西。经验论传承的是中世纪的唯名论。唯名论认为只有一个作为名词的杯子，哪里有什么作为本质的杯子？杯子就是一个名字，它用来称呼我们所看到那一堆属性，所以他们认为没有本质。所谓的本质也就是一个名字。这支唯名论—经验论的哲学流派一直延续到今天，在今天欧美的分析哲学中得到了很大的发扬。人们都相信没有本质。奥地利哲学家维特根斯坦的后期思想反复强调，我们的语言都是一种游戏。游戏是由规则构成的，只要遵循这些规则，游戏就能够玩得起来，游戏规则背后再也没有什么超越的绝对的理由。我们爱这么玩就这么玩，如果换一个游戏方式大家能玩得起来，那我们也可以那么玩。所以这是一支否定本质主义的哲学。

我们要讲到哲学变革的第二方面就是欧洲大陆的现象学传统的出现，它与英美分析哲学构成现代哲学的两大流派。欧洲大陆的现象学传统某种意义上也是反本质主义的，不过反的路数不太一样，他们认为现象和本质不是两回事，而是一回事。它倒不是说没有本质，而是说现象就是本质。因为除去现象之外，对于我们来说没有其他的东西。对于我们来说，最重要的就是我们直接的经验，这就是现象。注意一定要是“直接”经验。比如说我“看见”河对面有一个人，尽管你告诉我说那不是人，是一棵树，但是我说我“看到”有一个人这件事情是绝对不会错的，除非我故意骗你。如果我真的看到一个人，尽管走过去发现那并不是一个人，是一棵树，但是也不能说我“看到”一个人这件事情是错误的。我看到一个人是最基本的现象，你说背后还有没有本质呢？本质主义者会认为，由于我跑过去一看，发现实际上是一棵树，因此我看到一个人这件事情只是把握到了现象，没有把握到本质。但是现象学仍然会说，你跑过去看到是一棵树，这仍然是现象，它和早先的看到一个人是同样性质的现象，所以，我们的分析仍然不是本质的分析而是现象的分析。但是，你通过不同情境的还原，比如跑过去近距离地观察，或者继续换一个角度远距离观察，通过把距离

本质主义者会认为，由于我跑过去一看，发现实际上是一棵树，因此我看到一个人这件事情只是把握到了现象，没有把握到本质。但是现象学仍然会说，你跑过去看到是一棵树，这仍然是现象，它和早先的看到一个人是同样性质的现象，所以，我们的分析仍然不是本质的分析而是现象的分析。

和角度作为变量，会得到不同的现象，从这个变更里面是可以发现本质的。但是不是你走得越近，就能看得越清楚呢？那倒不一定。很多事情往往是越近反而越看不清楚，历史就是这样。你知道我们今天发生的事情，打个不恰当的比方，比如今天晚上的讲座，它会有什么深远的历史意义呢？我们今天肯定是不知道的，随着时间的推移我们就慢慢知道了，或者它会有意义，或者根本没有意义。所以并不是你越近看得越清楚。在刚才看到一棵树的例子里面，近不近并不是一个绝对的标准。这样一来，现象学就发现，对事物的认识是建立在对现象的相互阐释的基础之上，而每一种现象背后都有一大堆理论。科学哲学中讲观察渗透理论，部分地接近这个意思。我们看到的现象永远不是只有我们看到的那些。前几天我曾说过一句话：我们实际懂得的东西永远比我们所意识到的我们懂得的东西要多。我一眼看过去，我清楚地知道的我所看到的东西，也就是我能够说出来的东西，远远少于我实际上已经看到的东西。通过这样的方式来分析，我究竟看到多少东西。

现象学发展的一个重要技术我称之为“在场”、“不在场”的分析技术。在场还是不在场，过去我们的看法很简单，你在场就是在场，不在场就是不在场。但是进行一下现象学分析，你会发现实际上不是这样的。只要你充分考虑到真实存在的人的各个方面，你就能发现不是这么简单。前两天我们开玩笑说，人是一个非定域性的存在。学物理的同学都知道定域性，所谓的定域性就是指物理客体以及物理作用都有明确的时空范围和时空边界。我们通常会认可这种定域性，比如人的身体是有边界的，而所谓的鬼没有定域性，恍恍惚惚的，不知道在哪里。普通物理学讲定域性，但是量子力学却发现了微观领域里的波粒二象性。这样一来，粒子反而丧失了定域性，不知道确切地在哪儿，它晃晃悠悠的，因此有人开玩笑说量子力学是鬼的力学，因为它破坏了定域性。我们关注的问题是，人是定域性的存在吗？不是。人的边界是最不明确的。有的人死了，他仍然活着；有的人活着，他已经死了。这是诗人表达的人类特有的存在方式，但也确实是我们现实生活中最直接的经验。我们可以举一个例子，比如今天我要来做讲座，可是到了时间我却没有来，我不在场，但是所有的人都在谈论我。这个时候，最在场的就是我，我的存在被充分放大，所有人都觉得仿佛我存在一样，都在谈论我。如果一个人的不在场反而引起了我们的关注，我们都在谈论他、关心他、替他着急，等等，他的不在场恰恰是最在场。如此看来，人恰恰像是一个波粒二象性的存在。我坐在这里，我是存在的，我是一个粒子，可是你要知道我是有辐射的，每个人都是，都有或窄或宽的辐射和影响。我的学生、我的家人，经常能够感觉到我的存在。我的学生也许此时正在夜以继日地写作业，仿佛我就站在他们后面一样。这

比如今天我要来做讲座，可是到了时间我却没有来，我不在场，但是所有的人都在谈论我。这个时候，最在场的就是我。

样来讲，我的存在就延伸到他们那里去了。还有在我的家乡，我的父母我的邻居我的同学没准儿正在谈论我。所以每个人既是一个粒子也是一个波，他弥散于宇宙之中。伟大的人物完全是一种波的存在，他的影响弥散于整个宇宙，贯穿时间和空间。人类越伟大就越像是一个波，越渺小就越像是一个粒子。人死了，影响没了，就成为完完全全的粒子。只要活着，我们就都在浑身放电！双目如电，就是很有慑动人心的力量。男女青年之间“不来电”，就是没有感觉、感应。这就是说人的存在具有非常强的非定域性，任何真正的人都是一种波动性存在，他的存在不能被时间和空间所完全框住。

有了这个在场和不在场的分析技术，技术这种具有自我隐蔽性的东西就再也不容易被忽视了；恰恰相反，一把目光对准技术，就会有说不尽的东西。过去传统的本质主义哲学对技术进行分析，但总也分析不出什么名堂来。哲学本身在 20 世纪的这种变革，为技术成为新的反思的重心提供了可能。这里我们略举数例来展示一下这个在场不在场的分析技术，看看它是如何把人与技术的关系阐释出来的。昨天和前天我们讲了一些宏大叙事，今天我们试着讲讲技术和人之间复杂细致的关系。这些微妙的关系，如果不运用一些新的技巧的话，就很可能被错过。我们首先要介绍一下，小试牛刀，做一次微观叙事，展示一下现象学的分析视角对于理解技术与人的关系所做出的贡献。我主要介绍一位美国当代的现象学技术哲学家，他叫唐·伊德。他认为技术和人具有四种关系。

第一种关系称之为“具身”关系。什么叫“具身”呢？英文是 embody，通常的译法是具体表达、具体体现，但是这种译法没有把这个 body，这个“身体”表达出来，所以现在哲学界也把它译成“具身”、“涉身”，这里我就把它译成“具身”，新创造的一个词。为什么一定要创造一个新的译名呢？这与当代哲学对于身体的重视有关。我们以前认为身体不重要，心灵才是最重要的。我们讲究心灵美，不主张过分注重外表美。身体在整个近代哲学中受到严重的压抑。问题在于，没有身体的心灵是个什么玩意呢？没有身体，心灵如何运作呢？计算机不能做很多事情，根本的原因是由于他没有肉体、没有身体。因为它没有身体，所以很多事情它不能“理解”。蓝色、红色对于盲人不是白说吗？盲人没有区分颜色的身体上的能力。你就是把用以分辨红色、蓝色的各种逻辑关系清楚明白地告诉盲人，他们依然不能理解什么是红色，什么是蓝色，因为它没有认知颜色的身体机制。因此当代的认知科学、人工智能，都开始重视身体问题了。因为人们开始认识到计算机不能做很多事情，但为什么做不了这些事情呢？最终的原因看来就是身体的缺失。没有身体的机器做不了只有身体才能做的事情。比如说走路这么简单的事情，让计算机控制下的机器人来走，很难。我不知道在座的各位同学有没有设计计算机走路的。路具有高低不平的多样性，比如下楼梯，设计机器人下楼梯，非常困难。在下楼梯的过程中，身体无穷的技能展现了出来，而目前的人工智能很难做到。这里面的道理也不难理解。如果你在下楼梯的过程，听任身体自作主张，通常你会下得非常顺畅，但如果你每一步都思考应该如何下，从而以此思考的结果来指导或者说干扰身体的运作，那么你反而走不下去了。我不知道现在是否已经设计出能够下各种楼梯的机器人，但这个问题曾经是一个很大的难题。

讲技术和人的关系，第一个就要讲到身体。技术在什么意义上和人发生关系呢？首先是把技术看做人身体的延伸，这个时候我们就说技术和人构成一种具身关系：技术好像具备身体了，技术成为我们身体的一个无机的部分。早年马克思也讲过类似的话，他说自然界就是人类无机的身体。技术首先通过我们的身体成为我们的。比如我们戴眼镜，我们通常不把眼镜看做我们的身外之物，反而看成我们眼睛的一个有机构成部分。技术运用得越好，它越是具身化，越是跟我们身体融合在一起。欧洲贵妇们喜欢戴的帽子上面横插着一根长长的羽毛，但是这个妇女不用去测量羽毛的长度，也不用去测量门的宽度，她就能知道这顶帽子能不能通过这扇门，仿佛这根羽毛成了她身体的一部分，她就像熟悉自己的身体一样熟悉帽子上的这根

技术运用得越好，它越是具身化，越是跟我们身体融合在一起。

羽毛。开汽车也是这样的。一个好的驾驶员，能够非常精确地知道自己的车能否开进某扇门，他不用去测量门的宽度和车的宽度，靠的也是汽车的具身化。汽车一旦具身化，仿佛就变成我们延伸的器官，变成我们器官的投射、放大。这样一种具身关系也解释了技术的自我退隐：技术之所以隐蔽是由于它成为我们身体的一个部分了。

技术与人的第二种关系叫做“解释学”关系。什么是解释学关系呢？就是技术作为一种有待解释的符号与我们发生关系。比如我看一个温度计，你会认为我看温度计仅仅是看温度计吗？不是的，我是在看温度。温度计在这里只是起一个指示作用。你说冬天外面很冷，可是你是坐在一个暖和的屋子里面，你实际上感觉不到外面有多寒冷，但是你会透过玻璃窗看到室外有一个温度计，你看到温度计上的酒精柱指示一个很低的刻度，仿佛就感觉到了冷一样。这个时候的温度计就不是我们身体的一部分，它通过被解释与我们发生关系。我们通过解读这个温度计，来感知外面的热度或者冷度。这个温度计和人就构成解释学关系。这个解释学关系说白了就是解读关系。解读就是把它所包含的意义释放出来。所有的仪器仪表都跟我们构成解释学的关系。解释学关系与具身关系是很不一样的。

第三个关系被称为“他者”关系。他者关系不是客观关系。客观的东西是不以我们的意志为转移的，这不是他者。他者是现象学中讲到的一个概念，他者就是他人，但不是他物。我的存在总是和他人有关系的，没有他人就没有我自己的规定性。我的规定性是在和他人打交道的过程中得出来的。没有他者的存在，我的存在就是很空洞的。这一点应该不难理解。打个比方说，如果宇宙中只有一个东西，那么说它在运动是很无聊的。讲一个运动至少要涉及两个物体。我们昨天反复讲了，人的存在是一个交往性的存在。昨天我讲到我们东大目前的校园构造不太利于交往，宿舍之间隔得很远，老师和学生隔得很远，学生和学生隔得很远，没有公共空间。什么是他者关系呢？我们骑马时，马就是某种意义上的他者。它可能听你的也可能不听你的。你骑得好的时候，马完全听你的，马与你构成了一种具身关系，这匹马仿佛是你自己一样。当然这匹马并不是你自己。当它变得不听你话的时候，它就变成了他者。他者可能抗拒你的命令，可能发脾气，等等。这时候它成了一个你必须和它打交道的东西。比如说你要安抚它、勒令它，你要重新发布指令。你要和它重新建立关系，这个时候具身关系被打破，而成为他者的关系。汽车也是一个很好的例子。当你开得很好的时候，你和汽车是具身关系；开不好的时候，就变成了他者关系。但是汽车和马还不一样，马不是技术而是一个有机体；而车是一个技术物，作为技术的车不听你话和作为有机体的马不听你话不是一回事。

科学来自我们日常生活中的种种失灵失效。如果我们人类生活在天堂里面，要什么有什么，就像上帝一样，要光便有光，那就不需要科学了，因为一切都是直接给予的。

技术不灵了，带来了科学。科学来自我们日常生活中的种种失灵失效。如果我们人类生活在天堂里面，要什么有什么，就像上帝一样，要光便有光，那就不需要科学了，因为一切都是直接给予的。就像小孩子刚生下来，要什么有什么，就像上帝一样，后来慢慢发现，自己不能飞，甚至不能随便翻身，不能爬。所有的故障都出现了，这个世界这时才开始慢慢呈现。他也就开始打量这个世界，看看是怎么回事，为什么不能够遂我心愿呢？这样某种智力结构就开始形成。所以说，科学起源于实践中的波折，实践中有波折才能够产生科学，否则，就不会出现对世界的一种客观的认识。因为人首先是一个生活中的人、实践中的人，第二步才是理论反思。理论反思起源于实践行为的失败。比如说眼镜，当它正常发挥作用的时候，我们不会反思它是什么构成的，一当它出了问题的时候，我们就要开始考虑它究竟是怎么回事：是断了还是度数不够？你就要开始研究里面的一些物理、化学构造了。

他者关系是必不可少的，因为没有一样技术是完全具身的。每一种具身的技术，都是暂时的、局部的、半透明的。如果它完全具身，成为我自己的一部分，那么它对我就是完全透明的，我就会完全感觉不到它的存在。可是这样一来，它就不是技术了，对不对？我们还是以眼镜为例。我们睡觉之前要把眼镜取下来，即使是一副非常好的眼镜，你也会在睡觉时取下来，这件事情表明眼镜仍然不是完全具身的，仍然是技术。你摘下眼镜后它就成为一个他者。所以技术具有半透明性，不可能完全具身。这是第三种关系。他者关系里面比较突出的技术是自动机。各种自动机一旦开动，就会自己走，像流水线、计算机、电影放映机等都有这个特点。当电影脱离人的控制而自动放映起来，这个时候它成了他者。你坐在那里看电影，看着现实以这样一种奇怪的方式再现出来。这是他者关系。但是如果你沉浸进去，成为里面的主人公，你跟着电影情节一起哭啊、笑啊、闹啊，感同身受。这差不多是一种具身关系了。经常会有这样的情况：一个妇女边看电视边哭，旁边的丈夫就劝说她，那是电视呢，骗你的，没有这么回事。于是电视剧对丈夫而言，就是典型的他者关系，对妻子就是具身关系。看起来妇女对身体有更多的依赖，女性主义也非常重视对身体的哲学研究。

你摘下眼镜后它就成为一个他者。所以技术具有半透明性，不可能完全具身。

第四个关系叫做“背景”关系。背景关系是什么意思呢？就是说你平时不和它打交道。以上三种关系都是要打交道的，你始终是要关注它。但是背景关系不一样，比如说那个校园里的路灯，它就那么亮着，构成了一个新的景观。我们的周遭世界其实就是背景关系。但是背景关系会出现退化。它的出人意料的中断就造成了他者关系，只要路灯不灭它就只是我们的背景，如果一灭，就变成他者关系，我们就要想办法去修。也可能修得好，也可能修不好。修得好，在修的过程中得心应手，是具身关系，就像庖丁解牛一样。如果庖丁的刀被弄断了，就变成了他者关系，就要开始修刀了。这个刀平时不用，搁在边上，构成一道景观，是背景关系。我们可以看到，通过现象学的处理，通过对人和技术关系的这种细微分析，是可以得出很多东西的。

技术作为存在论差异

下面我们进入第三个话题，就是我本人要推出的一套宏大叙事，也就是我的“海马主义”的技术哲学。核心命题是“技术作为存在论差异”。什么是技术？现在我终于要拿出我自己的理论了，技术就是存在论差异。

我们先来解释什么是存在论差异。存在论差异是一个海德格尔哲学的概念，这个概念说得直白一点，就是存在和存在者的差异。存在和存在者有什么差异呢？说简单一点就是“是”和“是者”或“所是”之间的差异。当然你可能觉得，这说得也不是那么简单，还是很难懂。存在，Being，也可以译成“是”，小写的 being，复数的 beings 译成“存在者”或“是者”或“所是”。关键的难度在于解释清楚存在与存在者究竟有什么样的差异和区别，而为了解释这个差异，首先要解释的是关于 Being 的翻译问题。这个翻译问题非常复杂，学界已经讨论了很长时间。简单说来，由于这个词是系动词的分词形式，而我们古代汉语没有系动词，使得汉语里自古缺乏这个概念。又由于现代汉语里的系动词“是”很少作为名词使用，所以，当需要作为名词理解的时候，大家一般就译成“存在”。但译成“存在”有一个缺陷就是，字面上看不出“是”的意思，这是我们汉语的麻烦。英语说 I am here，中文只能译成“我在这里”，无法译成“我是这里”。“是”为什么成为西方哲学的最核心范畴？“是”所包含着的命名力量、判断力量，是我们以汉语为母语者很不容易理解的。不过现代汉语已经好多了。有句俗话说“说你行就行，不行也行；说你不行就不行，行也不行”，如果把这里的“行”换成“是”我看也能说得通：“说你是就是，不是也是；说你不是就不是，是也不是”。大家也差不多能理解这里的“是”所包含着的力量。语言上的事情就说到这里。

我们从存在主义的一个命题开始讲存在论差异，这个命题叫做“存在先于本质”。什么是存在先于本质呢？说白了就是存在先于存在者，是先于是者。所谓的本质不外乎事物的“所是”，“是者”之“所是”。比如说你是学生，我是老师，这是不同的本质。有什么不一样的呢？我比你大一点，你年轻一点；我工资高一点，你挣的少一点，等等，这些都是不同的本质。但是对于某一个人来说，本质能不能都把他框住呢？这是框不住的。比如说我是一个老师，但我明天可能去做生意了，或者我同时就是一个生意人，我那边还有几单生意要做；或者我同时还是官员，我还是父亲，还是儿子，等等。所以我作为一个人的“所是”是无法穷尽的，“我”无法彻底还原成这些具体的“所是”的集合，这种无穷尽，这种无法还原，就构成了存在论差异。如果这个世界都只是存在者的集合，那么这个世界就不会有新鲜的东西，现在如此，永远如此。存在者存在，不存在者不存在，其他的都是废话。这就是本质主义的典型说法。但是这样的看法是有问题的，首先是把人看死了。人是这样一种东西，没有任何本质可以彻底框定他：你永远高于你之所是。俗话所说的“狗改不了吃屎”、“狗嘴里吐不出象牙”都是本质主义的讲法，但俗话也有“士别三日刮目相看”的说法。这后一种说法表达的是变化的思想。哲学要表达这个世界的开放性和活力，有很多方式，但存在主义的一句话“存在先于本质”把这种活性全部都表达出来了。先要是起来，然后才能是什么。具体是什么，这可以是不确定的，可以是这个也可以是那个。你可能是老师，是商人，是官员，是父亲，等等，但前提是你要有“是”起来的能力。这种先于本质的存在，这种先于“所是”的“是”，总是在先的，这种在先就构成了存在论差异。

哲学要表达这个世界的开放性和活力，有很多方式，但存在主义的一句话“存在先于本质”把这种活性全部都表达出来了。

这种存在论差异和技术有什么关系？这是我们今天要阐释

的一个主要的命题。提出这个命题有一个现实的考虑就是要超越技术悲观主义和技术乐观主义。昨天我们从政治的角度曾经提出过技术悲观主义和技术乐观主义，今天我们从另外的一个哲学角度来考察它。技术悲观主义无非就是认为技术太有自主性了，人拿技术没有办法。技术乐观主义则认为，人可以拿技术有办法，技术是中性的，还是人说了算。一边说人有办法，一边说人没有办法，所以技术悲观主义和技术乐观主义的根本区别在于是人说了算，还是人说了不算。这样我们就看出来了，这两种说法背后实际上都有很强的本质主义背景。就是认为人是一个东西，技术是另外一个东西，这两个东西有各自的本质，问题就在于这两个东西的本质谁能够克服谁，谁能够占上风，谁能够具有支配性。这就是两种理论的根本区别。因此，要克服这个对立，我认为首先就要扬弃本质主义的理论。

人没有本质，技术也没有本质。它们的本质都处在建构之中，处在形成之中。

前两天我们实际上已经预设了——只不过没有明确地说出来——人没有本质，技术也没有本质。它们的本质都处在建构之中，处在形成之中。因此不是人和技术根本上、本质上谁强谁弱的问题，而是有着非常复杂的、交织着的关系。这种关系多种多样，比如我们刚才就列举了四种关系。所以我们首先要放弃这个本质主义的立场，这个立场我们过去也称为“形而上学立场”。认为人有一个本质，人是理性的动物，或者说人是会说话的动物，或者说是会搞政治的动物，等等，这些都是形而上学的说法，都是本质主义的说法，都没有看到人可以成为任何东西，可以成为飞人、成为疯狂者、成为沉默的人、成为像绵羊一样驯服的人。对于本质主义的放弃，首先在于对人和技术做一个非本质主义的理解。需要重新来理解什么是人，什么是技术。

海德格尔说，讲存在先要从人这个存在者讲起。为什么从人这个存在者讲起呢？因为人这个存在者是存在的开启者。有了世界，但是没有人，这个世界是怎么回事呢？当然我们根据自然科学所发现的世界图景，可以说人是演化过来的，在人之先，早就有世界了。可是世界是个什么东西呢？它有多大？方的还是圆的？没法儿说。康德早就已经指出，像世界这样的概念根本就不是自然科学的研究对象，它属于超验范畴。你非要用对待普通经验事物那样的态度去追问它有多大，方的还是圆的，肯定会碰到自相矛盾，即所谓的二律背反。所以，离开人来谈世界是荒谬的。

我们难道能够否定在我们人类出现之前，这个世界已经存在了吗？实际上这就要说人是怎么回事了。

你肯定会说，我们难道能够否定在我们人类出现之前，这个世界已经存在了吗？实际上这就要说人是怎么回事了。当你讲这句话的时候，你说的这个“人类”不完全是我们所谈到的那种“人”，你大概指的是一群猴子，一群直立行走的猴子，生物学意义上的物种。你说的世界也只能理解为猴子的生存环境。你只能说，在直立行走的猴子还没有出现之前，猴子们的生存环境是存在的。但离开人来谈世界，这明显是另一个问题。现象学首先认识到，人和世界之间不是一个两两关系的问题，而恰恰是最内在的关系。这种内在关系有一个表达叫“在世”，就是“在世界之中”。我们经常说人生在世，这个话说起来简单，包含的意思却并不轻松。什么叫在世呢？在世有两个方面的意思，第一个当然是存在，也就是 being。刚才我们讲过，这个在西方话语里是容易理解的，但是到了中国就麻烦了，因为我们的语言中过去没有系动词，“是”是在近代才出现的。比如米兰·昆德拉的名著《生命中不能承受之轻》，原名是 *Unbearable Lightness of Being*，这个“being”就不好译。如果把 being 翻译成存在，那么就成了《存在中不能承受之轻》，大家就不明白这是什么意思了。如果翻译成《是中的不能承受之轻》就更不知道是什么意思了。To be or not to be，哈姆莱特的名言，我们把它翻译成“生存与毁灭”，其实它的原意包含的绝对比这个意思要多，但我们用中文讲不出来。所以呢，这种存在，它首先是基于人的一种存在，而人的存在恰恰是一个未定的东西，这是人的存在——海德格尔叫“此在”——的一个基本特征。

“在世”第二个方面的意思是“世界”：只要存在，就一定是在“世界”之中存在。这个世界可不是由一堆杂七杂八的东西堆积在一起；换句话说，它不是那些各自无关的东西的集人在世界之中，不是说先有一个世界，像框子、篮子一样，然后再把人放到里面去；它说的是只要人在起来，是起来，人就有了世界。

合，相反，这个世界对于人来说是如影随形的。就像你不能把人和他的影子分开一样，人也不可能与他的世界分开，反之，世界也不可能与人分开。人在世界之中，不是说先有一个世界，像框子、篮子一样，然后再把人放到里面去；它说的是只要人在起来，是起来，人就有了世界。世界实际上先于你的一切经验行为：在你的任何经验之前，世界已经展开了。比如说你看一个杯子，可是，你如何能够看见“一个杯子”呢？你能够看见一个杯子，那是因为使杯子得以出现的世界事先已经张开了，在这个世界之中，杯子被显现出来。一个孤立的、单纯的、没有周遭环境、没有背景的杯子，你是看不见的。为什么呢？首先你永远只能看到杯子的一个侧面，但你能看出那是杯子的侧面，前提是你已经有了一个整杯子的概念，在看侧面的时候，这个整杯子的概念是先行的。其次，你看到的只是颜色、形状，而一切颜色、形状都是相对而言的，没有黑当然也无所谓白，没有方就无所谓圆，你看到一个白色的圆杯子，是以你对于其他颜色其他形状的认知为前提的。所有这些颜色、形状就成了我看到一个杯子所必需的预先的条件，它们构成了这个杯子的世界。这个世界通常是自我隐蔽着的。我们总是以为我们直接看到了杯子，其实当我们看到杯子的时候，世界已经先行被我们所熟知。推而言之，人的存在也是如此，最原初的存在就是在世界之中存在，然后才能说在世界的什么地方、以什么方式存在，等等。

在世的存在具有开放性。过去我们把世界看成一个与人没有什么关系的外部的、客观的东西，这样的世界就被看死了。以时间和空间为例，我们早就说过时间和空间是被我们的技术建构出来的。空间是什么？通常认为是空的，既然是空的，是无，你如何谈论它呢？空间其实一点也不空，它是被分割出来的，是由技术分割出来的。建筑学就是典型的空间分割技术。建筑是有好坏、高下之分的，这里面的学问大了。把道路修建得无比广阔，还是修成曲径通幽，这效果是不一样的。前者是用来阅兵的，后者是用来谈恋爱的。这两种生活是不一样的，前者要天天练习正步，后者则天天花前月下。这就是道路建筑对于空间分割的直接现实意义。物理学的空间也是被分割出来的，但用的是虚拟的技术、头脑里的想象、思想实验。这个虚拟技术就是匀速直线运动。匀速直线运动是牛顿第一定律推崇的一种运动方式，有人见过吗？没有人见过。可能见到吗？不可能见到。没有任何可能看到牛顿第一定律所说的那种情况，因为宇宙到处都是力，你不可能找到一个干干净净、空空如也的地方，一丝力都没有，让物体自己运动。既然如此，为什么牛顿第一定律能够成为全部近代物理学的基础呢？这是一个世界先行的典型例子。在我们的科学的眼睛能够科学地看到这个世界上形形色色的事物之前，这个世界必须先行地被科学地给

在我们的科学的眼睛能够科学地看到这个世界上形形色色的事物之前，这个世界必须先行地被科学地给出。

出。牛顿第一定律就是用来先行给予世界的。自牛顿第一定律之后，世界不再是希腊人想象中的一个球体，而是一个开放的宇宙。这个宇宙很大，鼓励人们折腾！传统社会往往是抑制折腾的，就这么点地方，折腾完了怎么办？牛顿第一定律告诉我们没事儿，折腾完了，换一个地方就行。宇航技术之所以可能，就是由于牛顿第一定律的世界预定。有了牛顿第一定律我们就心胸博大了，手脚放开了。当年美国的宇航员往月球飞的时候，宇航员说我感觉现在是牛顿在开飞船。讲得很对！正是牛顿第一定律从形而上学意义上、从意识形态意义上，保证了登月的合理合法，也靠的是牛顿其他一些定律保证了登月行动的可行有效。在近代以前，欧洲人从未有过实际飞天的思想，那是天使们的事情，鲜活的肉身飞天完全是无聊的想法。那是因为那时有完全不同的一种世界图景，有完全不同的一种空间划分方式。当然，有完全不同的空间划分技术。那么时间呢？前几天我们讲过了，时间是由钟表技术分割出来的，今天就不多说了。总的来说，时间和空间作为世界的维度，绝对不是空的，而是带着很强的建构力量。

人就是这样一种在世的存在者，技术是什么呢？技术是一种实际性。下面我先来解释一下什么是实际性。这也是我所谓的“海马主义”的“马”字一方面。马克思有很多在当代仍然值得挖掘的积极思想，教条的马克思主义要不得。大家知道，马克思主义的核心是历史唯物主义。但是，如何把历史理解成一种物质，是颇令人困惑的。历史怎么是物质呢？什么又是物质呢？物质看得见摸得着，能用来吃用来喝，历史并不是这么回事。历史唯物主义如何解释社会也是一种物质呢？其实，历史唯物主义的物质并不是我们可以吃喝的那个玩意儿，而是指某种“实际性”。在我们说话时会用到很多表示肯定的用语，比如“事实上”、“实际上”、“其实”、“本质上”，等等，这些修饰语想表达的都是实际性。什么是实际性呢？它指的是一种坚硬的事实，你不能打破。马克思所揭示的是某种实际性事实，这个“实际性”构成了存在向存在者转化过程中的一个很重要的环节。存在向存在者转化过程中要求一种落实。你“是”什么？这个“什么”是怎么出来的？它是通过你的实际性“是”出来的。马克思把这种实际性首先归结为要吃饭，你不吃饭不行吧？光吃饭也不够。吃多吃少、吃好吃坏还是有讲究的。穷人吃少吃差一点，富人吃多吃好一点，这也是实际性，因为一个有钱一个没有钱。于是钱具有实际性。女孩子愿意嫁给有钱人，不愿意嫁给没钱的。原因就是讲实际。好心的家长会说：实际一点！不要总是想着做诗人，做音乐家，这些不能够当饭吃。这也是在讲实际性。马克思提出了一系列人类历史不能逃避的东西，这些东西我们过去认为不重要，而认为我们的心灵、观念、理论最重要。实际上，规定着你观念演进

其实，历史唯物主义的物质并不是我们可以吃喝的那个玩意儿，而是指某种“实际性”。

的就是这些实际性的东西，比如经济基础、阶级斗争。当然这些实际性思想不一定要照搬，但是它完全可以用来进一步阐释我们的存在论差异。

说到底，“技术”就是“实现”，就是“条件”，就是实际性。

历史唯物主义要着眼于技术这个环节。说到底，“技术”就是“实现”，就是“条件”，就是实际性。马克思始终要求在具体的历史条件下看问题，体现的是实际性思想。我们不能对历史人物做过多的要求，过高的期望，因为当时的条件就是这样。关键问题是，这些历史条件最终都可以阐释成技术条件。技术将为我们阐释社会、文化、历史、心理、哲学、艺术。你说中西音乐为什么这么不一样？你看看乐器就知道了：一边是钢琴、小提琴、圆号，一边是琵琶、二胡、大鼓。乐器本身的配置，就构成对音乐发展路径的实质性的制约、技术的制约。马克思的实际性思想应该用技术范畴进行阐释。这是我的第一个思想。

第二个思想，技术作为存在论差异。我们讲一讲什么叫存在论差异。海德格尔曾经把时间作为存在论差异。海德格尔有一本重要的著作叫做《存在与时间》。海德格尔说时间性恰好揭示了我们那种既“是”又是个“什么”这样的差异。时间是一个非常深刻的哲学问题。有时间这个东西吗？有啊，过去现在未来嘛！那么好，过去是不是都过去了？是的。未来是不是还没有到来？是的。现在是不是一个瞬间？是的。现在可以分割吗？如果说可以分割，那就又分割成过去、现在和未来了，只好说不能分割，是纯粹的现在。可是，没有过去的东西有长度吗？没有，现在只能是零长度。好了，照这么一分析，根本没有时间这个玩意儿了。时间问题就是这样，困扰了哲学家几千年。你说没有时间这么回事吧，过去、现在、未来又是怎么回事呢？有个笑话说，一个聪明的孩子告诉一个傻孩子说，我告诉你啊，其实没有天这个东西。那个傻孩子就问，那天是个什么东西呢？你说没有天，那么我们整天说的天是个什么东西啊？这个聪明孩子是个本质主义者，傻孩子倒像是个现象学家。我们要回到这个傻孩子的问题。如果说过去、现在、未来根本都不存在，那我们整天讲的那个过去、现在、未来究竟是什么意思呢？现象学说，过去、现在、未来这些时间性是一种相互牵连而又具有隐蔽性的东西。越是隐蔽的，越是在起作用。搞幕后操纵的长胡子的人往往是不出场的。所以，时间的过去和未来是作为一个不在场的在场者存在。过去在不在？眼下不在了，可是我们现在的一举一动都是由过去的经验来决定的。一个人如果忽然丧失一切记忆，那他就忽然不成为人了。所以，过去是一种活在当下的东西。未来也一样，如果你没有预期，你也什么都做不了。人无远虑必有近忧啊！这恰好说明别看分析起来好像没有时间这个东西，实际上时间以一种非常根本的方式，起着支配性的作用。海德格尔认为时间本质上就是存在和存在者的差异，就是开放着的一边实现一边摧毁，一边肯定一边否定。时间是肯定与否定之路。它不断地接纳未来，使得潜在的东西变为现实，这是肯定；又不断把东西推向过去，这是否定。过去、现在、未来的时间维度被海德格尔阐释成存在论差异，我认为这是一个很伟大的哲学发现。

技术就是时间。时间是超前和滞后的双重运作。我们所有关于过去的事情都是一种滞后，而未来都是一种超前。

我现在要补充说，技术就是时间。时间是超前和滞后的双重运作。我们所有关于过去的事情都是一种滞后，而未来都是一种超前。所有的过去都是现在的过去，所有的未来都是现在的未来，过去和未来是通过超前和滞后的方式得以规定的。如何超前？如何滞后？通过什么来实现呢？技术作为实现，实际上起着超前和滞后双重作用。

首先身体就是一个用来实现超前和滞后的场所。我们可以举一个超前的例子。恩格斯曾经说过，劳动创造了人本身。劳动怎么能创造人本身呢？从生物学意义上说，恩格斯的话是错误的，因为这明显是一种拉马克的进化理论，而今天的生命科学表明拉马克的获得性遗传理论是错误的。长颈鹿的脖子为什么这么长呢？拉马克认为它是一代又一代不断向上够啊够啊，所以长长了；这个解释很像是说我们的祖先一代又一代地劳动、劳动，最后就变成人了。现代生物学理论认为拉马克理论是不对的，是没有根据的，恩格斯的那句话也是有问题的。如果基因不改变的话，就算劳动又有什么用呢？这一代人偶尔劳动了，死了之后，下一代人还不是继续做猴子？劳动怎么能创造人本身呢？20 世纪 80 年代改革开放的时候，就已经有人提出恩格斯的这句话是错误的，不符合生物学规律。但是今天，我想给它一个崭新的阐释，让它获得新生。我认为对恩格斯这句话，不要用狭窄的生物学来进行理解，而要从哲学上进行阐释。劳动是一种有预期、有目的的活动，劳动也是一种身体技术。所谓劳动创造人本身，实际上是从另外一个角度揭示了这种身体技术对于人的超前性，对于未来这个时间维度的构建作用。我们是通过劳动建立起我们的世界的，因而建立起人本身的。

所谓劳动创造人本身，实际上是从另外一个角度揭示了这种身体技术对于人的超前性，对于未来这个时间维度的构建作用。我们是通过劳动建立起我们的世界的，因而建立起人本身的。

技术在什么情况下可以推动历史呢？技术推动历史也只能在超前的意义上讲。历史有多种多样的发展可能性，但是不同的技术路线将实现不同的历史可能性。技术使得潜在的转化为现实，“是”转化为“是者”，存在转化为存在者。这个超前和滞后既体现在机械工具这些外在的技术上，也体现在身体技术这个内在技术上。如果说劳动创造人本身可以用身体技术的超前性来解释，那么马克思更多地援引了机械技术作为超前的力量。马克思所说的手推磨创造了封建领主社会，蒸汽磨创造了资本主义的大工业社会，讲的就是机械技术的超前力量。

通过引进技术作为实际性，通过把实际性作为存在论差异，我们就可以把马克思和海德格尔做一个适当的融合，从而重新构建一个对技术的崭新的哲学认识。刚才我们讲了技术对于时间和空间的构造作用，讲了建筑技术划定了我们的生活空间。我们通过观察一个国家的建筑，就可以大体地知道当地的经济和文化状况。你只要看看建筑的几何化程度，你就可以判定这个地区的现代化程度。原始的建筑，由于建筑材料和建筑技术的原因，几何化程度不高，线条不太直，圆也不太圆。越是现代化程度高的，线越笔直，圆越圆。空间的几何化恰恰是现代科学的基本特点之一。过去的空间概念并不是几何化的，各个处所、地方是不一样的，就像是一个物理场中各处的势能不一样。现在的空间是处处一样的，处处均匀、各向同性。我们过去讲位置的时候，都明白“位置”是有约束力的。在其位谋其事嘛！屁股决定脑袋，到哪座山唱哪样歌。这就是空间的规约性。不同的空间方位有不同的约束力。我们的生活方式受制于空间配置。现代科学导致了一个均一的空间，实际上是让人类丧失了空间。空间的丧失或者说空间的几何化，让本来结成一体的人与世界分离开来了，这就让我们今天对于人和世界的认同出现问题和差错。

时间也是一样的，也规定生活方式。现在以钟表技术来划定的时间，规定了一种什么样的生活方式呢？钟表时间是单向线性的时间，它决定了我们现代基本的生活模式的快节奏、加速度、精确化、严格化。所以说时间成了新时代的监工，它仿佛用皮鞭在后面拼命地赶我们。我们的生活节奏越来越快。你听听交响乐，过去的音乐节奏普遍比现在要慢。除此而外，时钟技术还极大地摧毁了文化多样性。过去的时间是根据生活节奏本身来划定的。农民的时间是按照他种植的作物的周期来规定的。你种植什么作物，在什么地方种，都会有不完全相同的周期节奏。如果你是牧民，你要按照羊羔和草场的生长周期来进行。总的来讲，是生活决定时间，而不是相反。但是机械化钟表时代造成了一个新的格局，也就是由时间来决定生活、规定生活。坐标系的概念也是这样的普遍划定，这种普遍性的时空划定，抽掉了本时本地的特殊性，抽掉了生活内容。世界不再是一个如影随形的、与人的存在方式有内在匹配的东西，与此相应，人的存在也成了轻飘飘的、无所凭借的存在，被视为一种并无特异之处的存在者，成了一个生也偶然、灭也偶然的物种。存在论差异慢慢消失，人再也想不起自己是谁，为什么会有这样那样的追求，除非从动物们那里知道它们也有这些追求。存在论差异的消失，成为我们这个时代一个突出的特征。

存在论差异慢慢消失，人再也想不起自己是谁，为什么会有这样那样的追求，除非从动物们那里知道它们也有这些追求。

这种存在论差异的消失是以某种现代技术的霸权的实际性为前提的，因此我们要反省这种霸权技术，因为正是这种特殊类型的技术构造了我们这样一个特殊的、与人分离的世界。这种技术，用芒福德的话说，是权力技术而不是生态技术，是控制技术而不是生活技术，是无机的而不是有机，它是征服性的而不是交往性的。这种存在论差异的消失，表明现代占支配地位的技术正在走向自己的反面，成为一种非技术，因为本真的技术恰恰就是存在论差异。这一点是反思现代技术的一个基本要点。

时间也到了。我们最后做一个简单的总结。技术长期没有成为哲学的话题有两个原因：技术本身是自我隐蔽的；哲学要研究内在本质，而技术恰恰存在于外在性的领域。为什么现在又开始研究技术呢？因为技术被大规模地、广泛地运用，从而成为我们现实生活中最显眼、最显著的状况。与此同时，现代哲学扬弃了本质主义，发展了一整套关于在场和不在场的现象学分析方法。这个理论用来分析技术这种自我退隐的东西特别有用武之地。我们介绍了从现象学角度提出的人与技术的四种关系。这四种关系特别提到了身体和符号。技术可以是我们身体器官的外延，也可以是具有符号意义的文本。在这个基础之上，我提出了自己的海德格尔和马克思相结合的“海马主义”。一方面强调海德格尔的存在论差异思想，另一方面强调马克思的实际性思想。目标是把技术这种实际性阐释成存在论差异。今天的人类面临着存在论差异消失的危险，也就是说世界的活性、人类的人性均成了问题。这与现代技术的非技术化有关。这种非技术化体现在技术的单一化、控制化，从而丧失了时间性。我就讲到这里，谢谢。

问　答

问：您昨天讲到人是没有本质的动物，而马克思曾经提出人是各种社会关系的总和，我们是否可以说人的本质就是社会关系的总和？另外，您这三天所讲的技术是不是同一个技术？

吴：我们首先谈谈马克思关于人的概念的界定。马克思提出人的本质是社会关系的总和这个命题的时候，应该说正处在反本质主义的前夜。马克思想说的是，人处在什么样的社会关系之中就具有什么样的本质，并没有一个固定不变的本质，从这个意义上说，马克思是反本质主义的。但就他认为人的本质可以归化为、还原为各种社会关系的总和而言，他又是一个本质主义者。

马克思想说的是，人处在什么样的社会关系之中就具有什么样的本质，并没有一个固定不变的本质。

关于第二个问题，我认为这三次讲演当中的技术当然是同一个技术，只是从不同角度来展开。现在可以借机总结一下，这三次讲座实际上贯穿了几个原则：第一个原则就是要打开看待技术的视野，不要局限于机械技术、工具技术；要把技术的范畴扩展，扩展到身体技术，扩展到社会技术。第二个原则呢，我希望不要就技术本身谈技术，因为技术是一个在场者与不在场者的综合，显著起作用的部分是由一大堆不在场者所支配的，包括经济、政治、文化价值，等等；我们只有把这些不在场者统统展示出来，才能构成对于技术的充分理解。第三个原则呢，我们想把技术放到哲学的层面上来考虑。过去我们考虑技术往往考虑的是具体的技术，但是哲学家始终相信，需要研究的是那个使具体的技术设备成为技术的东西。如果考虑这三个原则来讨论技术，我们就展示了技术的多个层面，给人感觉好像讲的不是同一个技术。

什么是技术呢？有些同学可能觉得我讲了三天，到底也没有明确地告诉大家技术到底是什么。能不能给一个明确的定义呢？你们如果这样想，那我就觉得很遗憾了。我始终在反对本质主义，如果结果你们仍然希望有一个定义才感到踏实的话，那么我的反本质主义事业就完全失败了。给出定义就是给出一个稳定不变的本质，这种做法是最容易的，但也是最没有意义的。给定义是懒人的做法，而不是追求真理的正确方法。我不是绝对反对给定义，关键是不能够存有那种得了定义才踏实的念头。定义总是只具有相对的意义，活的东西、历史的东西总是变化的，给定义的意义不大。人文学科从来不是以获得定义为目的，而是为了获得更宽广的视野、更敏锐的眼光。

问：技术能不能取得绝对的统治地位，从而控制政治？

吴：这种情况实际上已经出现了。这是昨天就讲到的问题。前天我们讲到了社会技术制约工具技术，昨天我们讲到了工具技术反过来制约社会技术，什么样的技术导致什么样的社会制度。当然我们要警惕技术的绝对控制，这是我今天所讲的。你似乎希望技术绝对地控制政治，这算是一种技术乐观主义。但是，我们已经指出，技术乐观主义没有真正地理解技术。我们要高度地关注作为现代最显著现象的技术，这种关注可以通过多种方式进行。各位在座的未来的工程师们，你们在将来的技术设计和技术操作中，一定要认识到，你们不是在做简单的技术活，而是在创造新的人性。因此你们要特别的小心，要具有人性的关怀。

你们在将来的技术设计和技术操作中，一定要认识到，你们不是在做简单的技术活，而是在创造新的人性。

技术作为存在论差异*

准备性的说明

感谢朱葆伟、赵建军教授提供这样一个机会，来与大家交流一下我最近关于技术哲学的思考。

先谈谈我从事技术哲学的缘起。应该说我搞技术哲学是比较晚的。在座的李伯聪老师于20世纪80年代就开始搞人工论，高亮华在90年代就有技术哲学专著出版，他们都是先驱者。我起步比较晚，在90年代中后期才开始转向技术哲学，因为博士论文做海德格尔研究，被海德格尔引向、引入了技术哲学。我的博士论文题目是《技术与形而上学——沿着海德格尔的思路》，主要是对海氏科学技术思想的一个述评，但后来得了一个全国优秀博士论文奖，当然只是在座的前辈和同行们的厚爱而已。

技术哲学是个新兴学科，在中国是，在国外也是。我们与国外同行差不多处在同一个起跑线上。因此，我们要有信心。目前国际上比较活跃的技术哲学家，他们的水平也不是高不可

---

* 2007年2月3日在第5次北京技术哲学论坛上的报告，这里的文字根据张恒力博士提供的录音记录稿整理而成。

攀。技术哲学是中国科学技术哲学学科可以大显身手的地方。现代中国缺乏自己的哲学传统，这个事情有好有坏。有一个哲学传统的好处是可以依附在这个传统上，跟着走，大树底下好乘凉。坏处则是不能脱离它，受它的束缚，不容易有开创性。比如说在美国，技术哲学就很难发展，它看起来好像很红火，其实是很边缘化的学科，都没有能够成立"技术哲学学会"，没有 Society for Philosophy of Technology，而只是成立了一个"哲学与技术学会"，Society for Philosophy and Technology。对美国许多哲学家而言，在强大的科学哲学传统下，技术不是什么大不了的哲学问题，可以"与"（and）哲学挂挂钩，但本身成不了哲学。

中国缺乏现代哲学传统，反而可以在白纸上描画。我们中国人近代以来对于西方的学术是兼收并蓄、兼容并包，没有什么忌讳，什么资源都可以用，美国、法国、德国的资源都可以利用。因此，我们可以满怀信心地对科技哲学的同行们说，技术哲学是个有前途的学科。我在 1999 年写了篇很小的文章，题目是《技术哲学，一个有着伟大未来的学科》，表达的就是这么一个意思。在此之前，我一直在做科学思想史研究，基本的落脚点是"idea"，"科学"是我关注的核心。如今搞技术哲学，对我来说是一个革命性的转折："技术"能不能独立，能不能取代"理性"、"观念"成为哲学的核心，是很难的事情，这里面存在着大量的冲突与矛盾，对我本人来说也是个痛苦的思想过程。今天我仍然不能说自己已经完成了这个转折。

中国目前的技术哲学，着眼于技术的不同侧面，可以有不同的研究思路。比如说，可以从四种角度来研究：第一，技术作为一个物品、制作品；第二，技术作为一种行为和活动；第三，技术作为人的一种意志和能力；第四，技术作为一种知识。着眼于不同的方面，必定会采取不同的研究路径。比如说，研究技术物品时，可以研究技术系统论；着眼于行为与活动，可以研究技术活动论；着眼于知识，可以研究技术知识论与技术方法论。能力研究比较少一点，有时以隐性知识的名义归入技术认识论。当前比较引人注目的是东北大学的东北学派，他们人很多，大概研究技术活动论多一些。南边的中山大学有技术认识论，张华夏教授等人利用科学哲学的理论，依托分析哲学的观点来分析技术问题。而我们北京呢？不南不北，特色不太明显。如今搞了一个“北京技术哲学论坛”，很好，可是我们的优势是什么呢？我看，应该还是在技术的存在论领域。北京地区适合发展存在论的技术哲学。

目前的技术哲学路径，有本体论、认识论、伦理学、社会学，等等。对于技术认识论，我个人不十分看好，我觉得可做的工作不一定很多。因为技术在传统上、本质上不是理论性的东西，不容易做，当然它可以依附在科学哲学、科学认识论的某一方面来谈。今天做得比较多的是技术社会学与技术伦理学，原因在于，技术在当代成为一个最醒目的现象，产生了显著的社会性后果，因此人们很容易从这个角度来看待技术；这也比较符合中国当前搞哲学的一般路子，即喜欢与社会现实相结合。但是，目前技术存在论、本体论处在一个很薄弱的地位。它本来应该处于基础性的地位，但技术本体论因为很难搞，实际上处在很荒芜的状况。

技术本体论很弱也是有原因的。按照传统本体论的思路，技术不可能成为本体。传统的理解是，本体论就是研究世界上有些什么东西，自然界往往就被当成了本体，自然哲学往往就是自然本体论。技术既不决定物质，也不决定精神，所以技术本体论看起来是不可能的。但是技术哲学若要成为真正的哲学，那就必须首先搞出一个技术本体论或技术存在论来。前几年谈哲学的技术转向的时候，我就不太同意高亮华的说法。我认为，如果“哲学的技术转向”只是说哲学过去不关注技术现在开始关注了，那就太弱了。哲学的技术转向，是说技术要成为哲学的核心问题。这就是说，所谓哲学的技术转向肯定是因为存在着这样一种趋势，即要从存在论的层面上来阐释技术、理解技术。当然，建构一个技术的存在论不是那么容易。即使没有这个技术存在论，技术哲学也可以做，但是肯定行之不远，哲学味道肯定不强。在这个专业化的时代，什么都可以进行专门化研究。现在中国自然辩证法研究会下面设的专业委员会太多了，有技术哲学，还有工程哲学、产业哲学，以后还会有管理哲学、经济哲学、社会哲学等，有点抢山头的味道。可是这么抢下来也只是抢了一个不那么要紧的“研究部门”而已，也就是为自己的“一亩三分地”挂了个招牌，这个意义不是很大。我比较关注的是，若想技术哲学成为哲学，必须有一个存在论的转变。过去笛卡儿说“我思故我在”，现在李伯聪老师说“我造物故我在”，这是关于“我”的一个革命性的变迁。在这个说法的背后实际上就有一个存在论的哲学在闪闪烁烁，若没有它，技术哲学何以成为哲学？我们都知道，科学哲学的基本问题是以理论和经验作为基本范畴，对科学活动做逻辑重建，探求科学理论的逻辑结构、理论进化的动力机制、经验与理论之间的逻辑关系，做这些事情是分析哲学的强项。而技术哲学又是干什么的呢？其哲学上的依托是什么呢？

技术哲学作为哲学有它的特点。哲学不解决问题，它只是提出问题、展开问题，或者为问题的展开提供空间。哲学的发展，不是根据现实的要求来发展，而是根据对哲学传统的创造性阐释来发展。我们中国人目前没有什么像样的哲学传统，我们这代人的工作就是帮助建立自己的哲学传统，或者说为建立哲学传统做点准备。因此我建议，技术哲学的发展不要走科学哲学的老路，即单纯地介绍、引进西方的东西。这个老路当然也不只是科学哲学的老路，而是中国人的“现外”（现代外国哲学）老路。过去“现外”单独是一个专业，后来合并到外国哲学去了。“现外”被赋予的任务就是介绍现代外国的哲学思想，并且用马克思主义观点进行批判。后来发现“批判”没有多大意思，就基本上是介绍，但后来却成了一种做哲学的范式。这种范式有它的优点，就是短平快、出成果，但我认为，它造成了目光短浅、就事论事、舍本逐末等不良后果。比如，搞“现外”、“科学哲学”的人，好提问“最近国外有什么新动向?”这种问法是典型的“现外”思路。在一个成熟的哲学范式下，能有什么新动向？老是那几个哲学问题嘛，它几十年、几百年都不会变，哪有什么“热点”不“热点”！所以，今天我们搞技术哲学要从哲学传统的源流抓起，从真正的哲学经典起步。我认为中国的科学哲学没有从康德搞起，这是我们最大的失误。我们只是从逻辑经验主义搞起，甚至只是从波普、库恩、拉卡托斯、费耶阿本德、SSK 搞起，这都是些舍本逐末的做法。如果你不从康德搞起的话，你就不理解逻辑经验主义是如何发展起来的，不理解科学哲学是怎么来的，因而也就不能够建立起批判的视角。现在搞技术哲学，似乎也有点“现外”的模式。这几年的博士论文，把几个国外的技术哲学家都搞光了，于是就有学生私下里说技术哲学没有什么可搞的了。我刚才说过，西方的技术哲学水平肯定比我们强，因为起步早

我认为中国的科学哲学没有从康德搞起，这是我们最大的失误。

一些，学术的职业化程度比我们高很多，所以比我们做得好，可是也好得有限。所以，“现外”的模式在技术哲学里比在科学哲学里更是行不通。如当代美国的技术哲学家芬伯格、鲍尔格曼、米切姆、伊德，还不能说是经典作家。技术哲学要回到经典，单纯学习当年科学哲学的路子，行不通。应该回溯到西方哲学的源头活水，才能有批判的视角，才会有原创的可能。

现在谈得比较多的经验转向问题，实际上是美国人自己挖掘自己的传统而搞的东西。美国人有自己的传统，即实用主义传统。技术哲学为什么搞经验转向？因为他们有实用主义传统。我们中国人谈论经验转向，不知为什么要这样搞，只是听说美国人在搞，国际上都搞，那我们也搞，实际上没有搞清楚。你不研究杜威，又怎么谈论经验转向呢？我们的“现外”思路好谈西方的发展趋势，其实哪有什么统一的发展趋势？美国人和德国人不一样。德国人自己搞一套。德国的技术哲学研究历史很悠久，他们是技术哲学的故乡，他们有一个强大的工程师传统，目前似乎搞技术伦理学比较热闹。所以我们在讨论经验转向时，要注意研究历史传统。我们没有这个传统，我们的首要任务是建立传统、为技术哲学定向，不一定要转向，转向转多了就要“晕头转向”了。

技术哲学有伟大未来的根据就在于马克思和海德格尔。

所以，我们需要从“根”上抓起。什么是“根”呢？照我看就是马克思和海德格尔。技术哲学有伟大未来的根据就在于马克思和海德格尔。马克思研究是我们中国学者的老本行，我们中国学者对马克思的文本还是熟悉的，特别是老一代学者，《资本论》、《马克思恩格斯选集》都读过，对于其中的问题有一定的思考。除了马克思之外，还得有海德格尔，没有他就打不开研究的缺口。“现外”的模式仍然可以参考，但不能都搞“现外”那一套，因为那样的话，会导致我们的技术哲学研究走不远。此外，研究中国传统也是一个重要的路子，比如研究庄子哲学，从“庄子”中挖掘技术哲学的内容，也是非常有意义的。就我所读到的著作而言，韩国人金圣东的文章讲庄子的技术哲学讲得最好。目前技术哲学和技术史的经典著作翻译得太少了，学生们的经典研读搞不起来，不知道读什么书。

扯了半天闲话，下面正经讲两个命题以引出今天的话题。一个命题是，超越技术乐观主义和技术悲观主义；第二个命题是，技术哲学的历史性缺失。这两个命题都是大家比较熟悉、比较容易理解的，由它们入手可以比较容易地进入我今天要讲的主题。

现在谈论得比较多的技术乐观主义和悲观主义问题，是技术哲学和对技术反思的一个重要话题。什么是技术乐观主义呢？就是认为技术始终是中性的，技术无论是有害还是有利，都是人的原因造成的，所以技术无论怎么发展都没有问题，关键是解决人的问题；只要把“人”把握好、搞清楚就行，因为犯的错误都归人，跟技术没有关系。由此可见，技术乐观主义是建立在技术的中性论、工具论，以及人的主体论基础上的。工具论和人类主体论是结合在一起的。海德格尔曾经说过，对技术的通常观点实际上可以归结为工具论和人类学。

悲观主义要更深刻一些。悲观主义认为技术是自主的，并不在我们人类的掌握之中，相反人却受到了技术的限制，人成为技术进化的工具，或者说成为技术自我增殖的一个工具。技术悲观主义的深刻在于把握住了技术的内在本性。过去很长时间以来，技术不能进入哲学的视野，就是因为认为技术是外在的。亚里士多德说制作物不像自然物，其本原不在它自己的内部。哲学的历史是内在性的历史，哲学讲理性，理性讲自我推理、独立不依、内在演绎，所以内在性是理性的本质。而技术没有这种本质，所以从柏拉图、亚里士多德开始，技术就是实现他者的目的，即人的目的，技术本身则无所谓目的。所以技术这种天生属于外在性领域的东西当然进入不了哲学的视野。技术的自主论在某种意义上恢复了技术的内在性，认为技术自身有目的。技术好像是某种有机体一样，它自己发展、增殖和扩充。所以我认为当代技术哲学的崛起根源于技术自主性的发现，没有技术自主论，技术永远徘徊在哲学视野之外。技术有了自主性就有了存在发展的内在依据和力量；而当技术只是作为工具，技术中性论的观点普遍流行时，对于技术本身的研究就变得可有可无，需要关注的只是技术的社会后果、伦理后果之类的“后果”。

但是，技术悲观主义所依赖的技术自主论也存在问题。作为技术自身的自主性建立在人的外在性的基础上，是人的异化。技术自主论认同了技术与人的相互外在。如此一来，技术悲观主义和乐观主义就存在着某种共同的前提，这就是，认为人有一个本性，技术有另外一个本性，而这个“人”的本性可能不受技术的支配，也可能不得不受技术的支配。当它只受技术支配的时候，就会陷入技术悲观主义，人拿它没有办法。当人的自主性很强，人能够支配技术时，就会陷入技术乐观主义。这种人的形而上学、人类中心主义，是导致技术悲观主义和乐观主义的总根源。因此我们说，当代技术哲学徘徊在这两种倾向之间，但它的前提是未加清算的，这就是人类学的技术观、本质主义的人性论。这两者相互规定。认为人是有本质的，这个本质可以说成是社会性、阶级性、目的性、生命力、意志力、理性，等等，其中人的本质是理性这一条最被认可。西方哲学从一开始，人就被规定为理性的动物。理性是人的本性，这种规定是很“硬”的，所以这种人的形而上学也导致了技术始终未能进入哲学的视野。不从这种人的形而上学突破，就不会有根本意义上的技术哲学。比如卡普的“器官投射说”，基本上就是建立在本质主义人性论基础上的：人有本质，这个

技术悲观主义和乐观主义就存在着某种共同的前提，这就是，认为人有一个本性，技术有另外一个本性，而这个“人”的本性可能不受技术的支配，也可能不得不受技术的支配。

本质就是人要用器官、要感觉，于是这种本质外化，就要进行器官投射，等等。

马克思说劳动是人的本质力量的对象化，这实际上也是一种人的形而上学。首先我们必须看到，马克思主义理论中有许多对于技术哲学来说具有革命性意义的认识，比如说“劳动创造了人本身”。20 世纪 80 年代的思想解放运动时期，有学者非常难得地指出，恩格斯的这个观点在生物学上站不住，是属于拉马克的理论；因为获得性不能够遗传，所以通过劳动这种后天行为并不能真正地把非人变成人。但是从今天的眼光看，这只是表达了一种狭隘的生物学观点。实际上因为人不完全是动物，或者说根本上不同于动物，因此不能完全从达尔文那一套理论来解释。“劳动创造了人本身”这个命题在当代仍然有辩护的余地，关键是你怎么看待“人”，怎么看待“人的创造”。这一点待会儿我们再说。特别是对于我们研究技术哲学的学者来说，“劳动创造了人本身”这个在生物学看来讲不大通的命题，倒正是我们需要首先强调的。在马克思的理论中还谈到“科学技术是拉动历史发展的火车头”。这种拉动作用由于我们听多了，所以就习惯、麻木了，觉得没有什么新意可言，其实里面有很深的意思。认为导致社会革命不是政治家的事情，根本上也不是什么利益冲突的结果，而是工具的改变，是技术革新之后的社会必然革新，这样的观点是惊世骇俗的。

认为导致社会革命不是政治家的事情，根本上也不是什么利益冲突的结果，而是工具的改变，是技术革新之后的社会必然革新，这样的观点是惊世骇俗的。

照着这样的理论，历史确实都需要重新改写。新的历史要从工具讲起，比如马鞍、挽具的革新，马镫的出现，随之就出现了骑士阶层；而火药的出现，就粉碎了骑士阶层。“手推磨产生的是封建领主制度，蒸汽磨产生的是资本主义制度”，表明在人类历史发展的背后都是工具的革新在起作用。这些观点是振聋发聩的，这些研究都是我们技术哲学合法化的基础。

但是马克思也有问题。马克思虽然强调技术有一种开创性的作用，但他还有一套关于人的理论，即强调人不仅关注吃喝，他还要自由，要有精神，要全面发展，要有共产主义理想，等等。实际上，马克思讲到了两个人，一个是吃喝拉撒睡并动手劳动的人，一个是“动脑筋”的人。哪个人是更根本的呢？马克思留下了问题，没有说彻底。我要说，技术的问题必须同人的问题一起来考虑，技术才有可能成为哲学中的核心问题，否则的话，哲学在技术领域里就没有出路。所谓要超越技术的悲观和乐观主义，实质上就是要超越人的形而上学理论。超越人的形而上学，就是要打破本质主义的人性论，即首先破除人有一个本质这样的传统看法，而把技术作为人的本质的一种自我构成，不在技术之外设立人的本质。只有这样，才能超越技术悲观主义和技术乐观主义。

第二个命题是技术哲学的历史性缺席。缺席的根源在于人一向被推崇为理性的动物。什么是理性的动物呢？就是按照内在性的理路说话办事。从柏拉图、亚里士多德开始，其实技术问题一直活跃在西方早期哲学家的思考背景之中：苏格拉底的母亲是个助产婆，亚里士多德的父亲是个医生，都是技术专家；雅典三巨头都喜欢拿技术的例子说事儿，但是他们的哲学却都不喜欢技术。苏格拉底、柏拉图的哲学建立在对智者否定的基础上。智者就是耍嘴皮子的人，也就是搞语言技术的人。但柏拉图从智者的语言技术中得出结论说，技术导致真理的遗忘，它是作为真理的遗忘而出现的，因而他们必然不喜欢技术。所以，西方哲学一开始就把技术放到了一边。亚里士多德认为科学有三种门类，最高的门类是理性科学、理论科学，其次是实践科学，再次是制作科学。制作科学包括手工技术、艺术等。为什么制作科学如此低等呢？原因在于这个东西被外在化了，没有自身的目的。技术也没有自身的目的，如果它闪现了某些光彩的话，那也只是折射了理性之光。而在理论科学之中，最高的是神学，也就是纯粹的关于形式的研究；其次是自然哲学，有形式，但是存在于自然物之中，而且由于自然物是运动的，所以就比不运动的纯形式在存在论上要低一点。总而言之，自然哲学是对内在形式的追求，而内在性领域向来是西方哲学的核心领域。“自然”原初的意思就是“本性”，自然哲学就是对本性、本质的追求，所以海德格尔说，物理学也就是自然学，和形而上学是一回事。西方哲学一向是追求本性的哲学，并且这种追求首先体现在自然领域，这也是在西方为什么科学和哲学老是混在一起的原因。即使现代科学是如此发达，哲学也依然有权利对科学说三道四。因为科学是从哲学这个母体里发展出来的，而西方哲学企图建立的那种严密意义上的科学始终没有出现，即使人们熟悉的近代科学，在哲学家们眼里也不是那么严密。所以胡塞尔说，真正严格意义上的科学是现象学，现象学是唯一严格意义上的科学。同样也有许多人说，马克思主义才是真正的科学。有些科学主义者以近代数理科学为唯一的尺度和标准，就会认为许多理论是伪科学，因为它们不能被经验检验，没有证据。可是，你要看到，在科学的源头处，希腊的科学是不用讲什么证据的，因为理性自己给自己提供证据。科学是自身为自身做主，活跃在内在性领域之中。技术受到贬低的原因也在于此。技术是外在性领域，它是内在性的完全缺乏。技术被忘却不是不小心忘却的，而是必然被忘却。因为技术就是遗忘本身。柏拉图在《斐多篇》中讲到，文字出现之后，人的记忆力就丧失了。所以，技术哲学应该与自然哲学一起来考虑，不理解自然哲学就不能理解技术哲学。因为不理解自然哲学为什么始终处于主流，也就不能理解为什么技术哲学始终处在一个被放逐的、遗忘的领域。

技术被忘却不是不小心忘却的，而是必然被忘却。因为技术就是遗忘本身。

在希腊人看来，技术低于自然，它只能模仿自然，不能替代自然。技术是外在的，它没有内在的动因。今天把技术作为中性的工具，也是这种技术观的一个必然后果。技术在这种中性论中达到了一个典型的自我遗忘，过河拆“桥”成了它必然的归宿。技术在不知不觉中完成了自我遮蔽。这里我们可以分析一个老生常谈：“科学是认识自然的，而技术是改造自然的。”可是细究起来，技术如何能够改造自然呢？实际上，自然是内在性的领域，谁也改变不了，谁也不能改变这些规律。自然是无法改造的。技术能够改造的是“人与自然的关系”，它只能造就自然与人照面的不同方式。所谓改造自然，只不过是人与自然的关系被重新塑造。随着人与自然之关系的被调整，自然“看起来”就被改造了，这只是一种影像。通常人们见到的技术物，不过就是人的自我塑造的影像。着眼于此，就需要把技术的问题与人的问题结合在一起考虑。

所谓改造自然，只不过是人与自然的关系被重新塑造。

超越“人学”，超越传统的形而上学，这是技术哲学的起点。这当然是不容易的，但是海德格尔为我们提供了这样一个起点。他的存在哲学就是要超越人的形而上学，它着眼于对存在的重新阐释。这个阐释要打破传统意义上的本质主义逻辑，要对本质主义铸造了几千年的实在板块彻底放松。传统本质主义世界观认为世界就是现成的世界，就是这个样子；我们能做的只有改变人自身，只有着眼于人的角度，才可以看到新的东西。这样，本质主义世界观与人的形而上学就相通了。我们需要借助海德格尔，首先来瓦解人的形而上学和本质主义的世界观。

技术作为存在论差异

现在我们就来简单谈谈这次论坛的主题“技术作为存在论差异”。存在论差异是海德格尔存在哲学的起点，是颠覆人的形而上学的前提。这个东西说起来比较玄，其实是很平易的真理。什么是存在论差异？就是存在者与存在之间的差异。什么是存在者？一切都是存在者，无论实物、体制还是观念，都是存在者。那么存在是什么呢？这个就不能直接回答了，因为不能问“存在”是“什么”。要知道，提问题其实已经包含着对答案的某种预期和预设。比如，“你最近没有打老婆吧？”这个问题就预设了你有打老婆的习惯。所以，问题并不是中性的，也并不是所有的问题都是恰当的。我们不能在南北极问哪边是东哪边是西，同样，“存在是什么”，一问就错了；因为“存在”不是“存在者”，它不是个“东西”，不是“什么”。我提出一个比较简单的理解办法，你可以把“存在者”看成一个名词，而“存在”是个动词。这个“存在者”就是“是什么”的“什么”，“存在”就是“是”本身，“是”总是要是点“什么”，所以存在总是存在者的存在。再举个例子，我们可以看看“是什么”和“是起来”之间的区别。着眼于“是什么”的“什么”，我们就被固定下来了，而着眼于“是起来”的“是”，那就活起来了，那就是“去存在”。但是，我们要想一想，“去

“去存在”就是展开可能性的一个领域，这个可能性的领域就是对现在之所“是”的否定。一个人可以这样就在于他可以不这样。

是”何以可能呢？如果事情本来就是这样的，那就不可能“去”了。科学的世界图景给我们提供了铁板一块的世界，“铁板一块的世界”我们连“去”都“去”不成。“去存在”就是展开可能性的一个领域，这个可能性的领域就是对现在之所“是”的否定。一个人可以这样就在于他可以不这样。例如，胡新和是个老师，可以从老师的许多特征出发来证明；但胡新和也可以不是个老师，而是个父亲、儿子、领导等，表现出各种各样的存在状态。胡新和可以是老师，也可以不是老师。他辞职了，他去辞职。为什么他能够“去辞职”？因为他具有不是老师的这个能力，而这个能力就是“在”和“是”本身所包含的不可思议的能力：任何一个存在者的存在总是包含着使这个存在者成为另外一个存在者的可能性。所以这是一种“动词”对“名词”的否定。每个人都有“不是什么”的能力，其实按照传统本质主义的形而上学，你怎么能够“不是什么”呢？按照拉普拉斯的决定论，你怎么能“不是什么”呢？人怎么能够犯错误呢？我打你一下，你也不要怪我，我是没有办法的。当然，这很荒谬。所以，对于这个世界理解的松动必须从“存在”开始。这个“在与在者”、“是与所是”的差异，是海德格尔引入的一个重要命题，当然这个命题是建立在现象学之上的。“是起来”的意思就是让你承担起你特有的一种能力，若没有这个能力的话，自由是不可能的。

“是起来”的意思就是让你承担起你特有的一种能力，若没有这个能力的话，自由是不可能的。

海德格尔还把这种“是起来”的能力阐释为“时间”。“时间”分成过去、现在和未来三个要素，胡塞尔已经指出所谓过去就是一种“延续”、“滞留”，未来就是一种“超前”。“延续”就是过去的东西依然以某种方式还在这儿，这个“过去”既然是“过去了的东西”，怎么还“在”呢？“过去”不是彻底没了，没了还谈论什么呢？当我们能够谈论“过去”的时候，说明“过去”还是以某种方式“驻留”，所以我们称之为“延续”。“超前”包括我们能够“预言、展望”。这种“超前性”我们也称为时间性，可这个时间性的东西恰恰是过去哲学处理不了的问题。为什么处理不了呢？因为传统的世界图景说一千道一万，最后必然会陷入爱因斯坦的四维流形之中，成为铁板一块的东西，没有什么东西真正是新鲜的，都已经在那儿了。因此爱因斯坦本人根本不相信有通常所说的“时间”这么一回事。世界已经就在那里了，只是不同的切面剖面而已。这件事情恰恰从反面说明了，时间必须建立在“延续”、“超前”之上，建立在“还在”和“未到”的东西之上，否则就根本谈不上时间。根本上讲，什么东西能够“超前”呢？海德格尔认为是死亡。人都是要死的，这个死被我们先行地领悟到了，已经先行地驻留在我们现在这儿，所以死亡的原则就是时间的原则，而时间的原则就是那个“在起来”的原则。如果没有死亡，就没有时间。没有时间，你可能还“在”“这儿”，但你就不能“去”“在”了！“去”的能力是建立在“有地方去”的基础上。什么地方？就是“无”的地方。始终着眼于“无”，我们就有地方可“去”了。如果我们的世界总是一个“有”，总“是”就这样了，那么我们就没有地方可“去”了。所以“存在”是伸展在过去和未来之间的。“过去”就是“已经如此”、“就这样了”，后面我们要讲到，“就这样了”对于技术哲学来说是极为重要的。

始终着眼于“无”，我们就有地方可“去”了。如果我们的世界总是一个“有”，总“是”就这样了，那么我们就没有地方可“去”了。

对于我来说，比较新的尝试是“技术作为”这四个字。“技术作为存在论差异”，技术如何进入这里的“存在论差异”呢？我们首先需要追问什么是技术？从物的层面上看，人工物其实也就是自然物，抽掉自然物，人工物也就什么也不剩。那人工物里面的“技术”是怎么回事呢？技术就是抽掉自然物之后的“无”，就是那个“现象学的剩余者”，也就是“在起来”的能力的保持者。这个能力如何保持、如何体现，在海德格尔那里有许多说法；在我看来，它可以阐释成“技术”。人作为一种尚未完成的东西，恰恰是通过技术的方式而保持一种“是”的能力。

技术就是抽掉自然物之后的“无”，就是那个“现象学的剩余者”，也就是“在起来”的能力的保持者。

在仔细阐明这一点之前，我们需要研究海德格尔的两个思想。第一个就是“在世”的思想，即“存在于世界之中”、“在世界中存在”（being in the world）。“在世”不是我们通常想象的那样，世界像个篮子，我们则像菜一样被扔到篮子这个世界中。不是这么回事。通俗地说，不如把“在世”的“世”写成“视觉”的“视”。这个“世界”是一个领域，是一个“视野”，是一个“地平线”（horizon）。人存在于世界的意思就是说人是以一种展开世界的方式而存在的。那么“这个世界”是如何展开的，通过什么来展开的呢？海德格尔没有具体谈论这个问题，他只是说，人只要存在他就展开一个世界。在我看来，技术是展开世界的方式，是世界展开的具体化。因为，技术就是“方式”本身，就是“具体化”本身，就是“实现”本身。

这个“世界”是一个领域，是一个“视野”，是一个“地平线”（horizon）。人存在于世界的意思就是说人是以一种展开世界的方式而存在的。

海德格尔第二个重要思想即“实际性”思想。“在世”必须从“实际性”来理解。这个“实际性”非常重要，我觉得，它就相当于历史唯物主义所说的“物质”。过去我们总是不理解历史何以能够是一种物质，其实历史唯物主义揭示的是一种“实际性”思想。什么是“实际性思想”？用大家熟悉的话一说意思就很简单了：人只能够在现有的物质条件下、在既有的条件下创造未来。这个“历史实际性”对于我们而言是坚硬的，是不可入的，是由不得我们的，但它却是展开我们未来的条件。这个“实际性”用海德格尔的话说，就是人的“有限性”。当你想要“在”的时候，你已经“在”了，已经“在”“实际性”之中。当你一旦“去在”，必然已经“先在”。这个“实际性”范围很广泛，比如你的身体、你的历史。历史当然是“实

这个“历史实际性”对于我们而言是坚硬的，是不可入的，是由不得我们的，但它却是展开我们未来的条件。

际性”，我们经常说不能脱离历史说话，要历史地看问题。为什么呢？因为历史是一种实际性，它必定制约着你。“身体”同样重要。我们的身体是要吃喝的，马克思发现了一个吃喝拉撒睡的身体，被恩格斯认为是他的一个最重大发现，是马克思历史唯物主义的秘密所在。对身体的重视是后现代思想的一个标志。环境主义者着眼的其实是身体的有限性，身体对于环境的不适应性。如果我们的身体很适应，每顿饭喝点敌敌畏才很香，那还怕什么污染呢！要知道，这个意义上的身体是很坚硬的，不是柔软的，它也是那种不以人们意志为转移的东西。人们经常说，年岁不饶人啊，表达的就是身体的实际性思想。所以身体问题是我们谈到技术哲学中实际性问题的一个很重要方面。

我可以列举出四种实际性：第一是语言实际性。培根曾经讲过语言的偶像，部分地揭示了语言的实际性。只要说话，那在你说话之前这个语言体系已经存在。我们不能凭空创造一套语言出来，语言是实际的。第二是身体实际性。马克思对于身体的实际性最有贡献，法国哲学家梅洛-庞蒂则把身体问题提到了最重要的哲学高度来阐释。第三是时间的实际性，即过去的就过去了，没有后悔药。过去就是我们的过去，无法选择，无法逃避。同时过去是不可逾越的，如我生活在什么年代、什么地方、有什么父母、受什么教育，都是我选择不了的。第四是技术实际性，这是技术坚硬性的一个重要表现。过去认为技术是透明的、柔软的，从而是中性的，但是技术史家已经揭示出，技术的发明和进化都是基于已有的技术条件，已有的技术条件决定了虽不是完全决定了未来技术进化的路线。技术哲学研究必须从技术的实际性开始，但这四个实际性可能只是同一个问题的不同说法，通过描述它们之间的对等关系，也有助于开出技术实际性的理路。

现在我们有几个问题需要进一步展开。第一个问题是技术怎样作为时间性来理解；第二个问题是技术与身体的关系，这在过去是被完全忽视的。从柏拉图开始，就没有重视这个问题。苏格拉底大义凛然地就义，就是因为对于身体的无所谓。技术与时间的关系关键是理解技术怎么超前、如何滞后。当马克思说“技术是拉动历史的火车头”时，就是表明了技术的超前性。它是如何拉动的呢？它是通过“超前”的方式来拉动。引诱是一种拉动，通过一种美妙后果的先行驻入来拉动。比如你渴了，说前面有梅子，那个梅子还没有看到，但是它已经先行地在你的大脑里出现，而成为拉动你往梅园走的动力。技术的拉动作用就是“超前”。技术也有“滞后”作用，这体现为技术的保守性。比如有些人就不用网络，不用电脑，坚持用手写，这就是滞后。滞后并不只是负面的意义，也有它正面的意义。技术的“超前”与“滞后”的理论问题不解决，当代技术的快速发展对于人类生存所造成的不适应问题的解决就没有坚实的基础。我们究竟是迁就技术的一日千里呢？还是要有所停顿呢？这些选择的最终依据是什么？

身体技术一直不在我们技术哲学的视野之内。由于缺乏这个视野，技术的许多微妙的哲学本质就被忽视了。身体技术至少可以派生出四种技术，第一个是身体技巧。首先是身体方面的技巧，比如骑自行车、游泳、开汽车等。最根本的技巧是只可意会不可言传，需要反复地亲自演练。其次是身体作为符号的塑造，比如打扮，比如举止、风度，都与此有关。为什么有时候能够说某人一看就不是好人呢？因为身体符号在起作用，身体通过技术自我建构。原始人脸上画的稀奇古怪的颜色，印第安人的羽毛，女人的染发等，都是身体技术，都是身体的规训过程，其实也是自我人格的塑造。很可惜，这些东西都没有被我们的技术哲学所关注。第二个是语言技术，语言技术其实来源于手，因为语言来自手语。即使在今天，面部表情和手势在交流中仍然起很大的作用。第三个是医疗技术，是对身体进行管理和规训。关于医学本质的思考，有助于我们思考技术的本质。医学的本质，实质上也是人的自我规训。现代医学不仅是真理的追求过程，也涉及政治问题。完全动物学意义上的人，是不必有什么医学的，猴子没有医学，其他动物都没有医学，但物种仍然能够延续。人需要医学是一个政治学的问题，根本上也是一个技术哲学的问题。第四个是社会技术，大家不要认为社会技术和我们没有关系，其实社会技术来源于身体技术。仔细想来，国务院各个部门的设置，都与身体某个部位的管理有关系。现代国家“机器”说白了就是关于身体管理的一套技术，所以政治学追根溯源可以归到对于身体的管理。公安部、文化部、卫生部、计划生育委员会，还有教育部、科技部，都是对身体某个器官的规训和管理。

现代国家“机器”说白了就是关于身体管理的一套技术。

按照我的分类，技术分为两大类。第一大类是身体技术，它目前被我们技术哲学界的大部分人所忽略，这里趁机呼吁一下，以引起注意和重视。第二大类是物化技术，这是大家比较熟悉的，也是谈得非常多的。人对于身外之物的构造都属于此列，如钢笔、麦克风都是物化技术。物化技术又可以进一步细分为两类，一类是直接涉及身体的，一类是不直接涉及身体的。唐·伊德从现象学角度按照人与世界的关系将技术分为四类，和我这里的分法大体上一致。我的二分法也许可以简单地称为“用具”和“产品”两类。“用具”就是必须与我们的身体密切接触，离开了身体就不能发挥作用的那类人工物。“产品”就是可以相对独立于我们身体之外发挥作用的人工物。如机器开动后，就可以不要管它，成为自主的一个体系。现在人们比较关注那种自己运作从而成为客体、产品体系的东西，因为它们的自主性让我们人类很不安、很害怕。这种产品的自主性如何对待，是今天技术哲学一个重大的问题。我个人认为物化技术的根据必须从身体技术来找。由于我们长期忽视了身体技术，所以物化技术的本质就不容易找到，对于如何处理物化技术的自主性束手无策。

最后再谈谈我这个技术哲学研究纲领的扩展性研究空间。除了对这个纲领进行系统地哲学构造外，根据我的这些想法，我们还可以做哪些事情呢?

第一个是技术史方面，至少有两个问题需要研究。第一个要研究技术的进化，必须把物化技术当做一个我们所谓有机化的无机物、生命化的无机物。人类进化通过体外进化而获得，我们主要是通过技术进化来进化的。所以说技术的进化史某种意义上可以称得上是一部人类文明史、进化史。《剑桥科学史丛书》中有一本书就叫《技术的进化》，原书名是 *The Evolution of Technology*，不知为何翻译者把名字译成了"技术发展简史"，根本没有理解书本身的意思，信息丢失不少。技术进化史、技术动力学可以从我们刚才讲到的理论中找到新的着眼点。第二个就是科技通史的编写。前几年我接受了一个任务来编写《科技通史》，但是始终没有写出来。不完全是时间和精力方面的原因，更多的是因为科技通史的两个内在困难尚未克服。一个是中国人的科技史如何嵌入进去。目前的许多嵌入方法感到很牵强，讲中国科技史的那一部分味道都变了，明显给人感觉是两个完全不同的历史叙述硬拼在一起，不像是一个历史。第二个难处是科学和技术如何组合在一起。传统的科技通史的写法是把技术作为科学的应用，古代根本不写，再远古就写一点，而近代作为科学的应用写一些。我现在愿意正式提出一个口号，"技术是汪洋，科学是孤岛"，作为科技通史编写的指导原则。"技术是汪洋"，不是随便说说，而是要强调技术的无所不在，甚至科学得以可能的条件也都要在技术这里寻求。近代科学革命讲了那么多，其实玻璃最重要。玻璃是导致近代科学革命的技术根源，如果没有玻璃的话，就没有近代科学革命。中国为什么没有近代科学革命，没有玻璃是一个重要的原因。这里面可以写出好几本书的内容。近代的几大关键仪器，如望远镜、显微镜、空气泵、钟表，这四大仪器没有一样不依赖于玻璃。没有这四大仪器就没有现代科学。"技术是汪洋，科学是孤岛"有很大的发挥余地，如果能够写出一套以技术为主脉的科技通史，那中国人和西方人之间就有更多共同的地方，不至于完全是两张皮；就可以大力研究火药、马镫、风箱等中国人的发明，以及这些发明对于西方历史发展的意义。

我现在愿意正式提出一个口号，"技术是汪洋，科学是孤岛"，作为科技通史编写的指导原则。

第二个方面，需要重述历史唯物主义，要从技术的角度重新追溯马克思的历史唯物主义。现在的历史唯物主义大多老生常谈、照本宣科，而技术是个很好的视角，可以使马克思的思想重新散发光辉。现在西方技术哲学的一些核心著作还没有翻译过来，如早期的卡普、恩格迈尔等人的书还没有翻译出来。中国搞技术哲学的学者主要是懂英文，这就造成了技术哲学研究资源方面的匮乏，因为美国恰恰不是技术哲学的发源地，也不是很肥沃的土地。当然美国的技术哲学的建制化搞得比较好，他们财大气粗，人员众多，但其实大部分是技术社会学、技术政治学、技术伦理学的内容，技术哲学不多。我看主要是靠我们下一代的学生，让他们学德文、法文，把一些重要的原著翻译出来。

第三个就是技术社会学，搞经验转向、搞案例研究。我不反对搞经验研究。美国人搞经验转向，除了他们的实用主义的哲学传统之外，真抓实干、搞案例研究也是他们的治学传统。如伊德关于视觉技术的研究，他有专门的小组，研究视觉技术，如电视机、摄像机、网络等。德里弗斯研究人工智能，很有影响。温纳研究核电站，都有案例研究。技术哲学没有案例研究不行。我们那么多的工程如南水北调、三峡大坝、神舟上天等，我们都可以研究。还有技术伦理学，它已经发展成为很专门的研究内容，基本上脱离了技术哲学这个领域。另外，生命伦理学、医学伦理学、环境伦理学、工程伦理学，都已经形成了自己独立的学科，可以相互借鉴。如果能够一边建设自己的技术哲学理论体系，一边每年出一本有中国特色的案例研究的书，那么中国的技术哲学水平一点也不比国外差。所以再说一遍，技术哲学是一个有着伟大未来的学科。

问　答

问题：

1. 我们会不会回到技术主义、技术决定论、历史决定论的老路上去？

2. 科学既有工匠传统，又有理性传统，理性传统如何从技术中开辟出来呢？

3. 技术被广义化了，那什么不是技术呢？技术哲学可以涵盖一切哲学问题吗？

回应：

我们先要对“技术”概念做些澄清。因为一旦我们谈论“技术”，我们就已经处在某种对技术的理解之中。这种既有的理解，我认为至少有两个误区：第一个是，身体技术包括身体技能、语言、医疗和社会技术都被忽视，都没有放在“技术”的范畴里统一进行思考；第二个是，一说到“技术”往往就是指专家技术、高技术、大工业技术，而不是我们普通人也非常熟悉、熟练掌握的那些技术。

其实我的整个讲演就是要否定这两种认识上的误区。第一个就是把思路打开，不能忽视身体技术，不能忽视日常技术，而且高技术时代的种种问题最终必须诉诸身体技术才能够有一种稳妥的解决方案。第二个，我对哲学的理解，完全同意胡塞尔的观点——哲学不是世界观。我没有任何决定论，既不是技术决定论，也不是历史决定论。通过技术的广义化过程，我们来看看从技术话题究竟能够生出哪些话题，这是我的目的。如果通过技术这个环节能够揭示哲学的最根本问题、最核心问题，能够通达所有领域的话，那么我们就成功了，技术就可以成为哲学的核心话题了。至于最终会派生出的主张是什么，我还没有谈到。

理性问题确实是技术哲学有待消化的一个突出难题。我们是知识分子，intellectual，知识分子就要有理想，要持守某种不可剥夺的内在的东西。这是当代中国知识分子急需守护的一种精神价值。法国的帕斯卡说，人是一棵芦苇，一滴水都有可能把它压弯压折，但它是一棵会思想的芦苇。所以人的尊严、价值全都系于会思想之上。这是关于西方理性主义和人文主义的最高宣言。但是如何理解"理性"、如何恢复希腊时代更宽泛更丰富的理性概念，恰恰是现代哲学的目标。技术哲学的起点也在于此，特别是，要说明理性始终是建立在某种技术之上，理性传统只是一种特定的技术传统。海德格尔所谓"技术是形而上学的完成形态"，"现代科学的本质是现代技术"，都是这种思想的体现。

技术被广义化后，技术不是什么？技术不是自然，这是唯一可以回答的。技术不能在自然呈现的意义上呈现出来，我们传统上以自然科学、科学哲学的方式来对待技术，必然会错失技术的真相。作为部门哲学的技术哲学只会有很有限的发展空间，而一个被阐释成第一哲学的技术哲学，应该可以通达一切哲学问题。

其实我今天并未涉及技术哲学的全部主要问题，我只谈到了技术能不能成为我们思考哲学问题的通用平台的问题。当代人们最关心的技术哲学问题是如何看待现代技术，这个方面我今天并没有谈到。现代技术确实有其醒目之处，从蒸汽机开始，它的规模庞大、自动运行给人们留下了深刻的印象。卓别林的《摩登时代》是对现代技术的一次深刻反思，在那里，大机器开动之后，所有的人都非常可怜地成为机器的奴隶。再比如，现代生物技术的基因改造工程，被认为是从另一个角度实现了拉马克意义上的获得性遗传，这个事实也触目惊心地展示了技术哲学与自然哲学和科学哲学的根本不同之处。其实我们对技术哲学的重视都是从对现代技术的迷惑开始的。这个迷惑究竟是什么，我们今天没有谈到这个问题。我们今天谈到的问题是更加基础性的、更加困难的问题。

什么是科学*

今天我给大家讲的题目叫《什么是科学》。这个问题本身其实不是一个科学问题，而是一个哲学问题，并不适合对孩子讲，因为听说来的大人比较多，所以我就准备冒险讲讲这个困难的题目。我不是做自然科学研究工作的，这一方面是我的短处，就是人们通常会说的，你不搞科学，你能讲好“什么是科学”这个题目吗？但另一方面这也是我的长处，我以科学作为我的研究对象，而一般的科学家以自然的某一个方面作为研究对象，科学不是科学家的研究对象，相反，是我们科学哲学家的研究对象。由我们来讲“什么是科学”，能够反映我们的长处。

名不正则言不顺，让我们先来看看“科学”这个术语的来龙去脉。“科学”这个词，中国古代没有，它是个现代汉语的词汇。它是对西文 science 这个词的翻译，不过一开始我们中国人把它翻译成“格致”，或者“格致学”，用了宋明理学中“格物穷理致知”的意思。“科学”这种译法来自日本人。有一个叫西周时懋的日本人，他觉得西方的学问跟我们中国的学问很不一样。中国古代的学问是文史哲不分的，是通才之学、博

---

* 2007 年 7 月 1 日在首都科学讲堂上的讲演。

通之学；西方的学问是一科一科的，数理化、天地生、文史哲、政经法，所以他就把science翻译为“科学”，取“分科之学”的意思。这样一个翻译从日本倒流回来了。大家觉得“科学”这个译法比“格致学”要好一点，结果就流行开来了。到今天为止，中国人使用“科学”这个词也就是一百年左右，甚至广泛传播开来还不到一百年。但是在一百年之内呢，科学已经成了我们现代生活中一个最显眼的术语。

大家知道，五四运动引入了两位先生，一个叫德先生，一个叫赛先生。德先生就是民主，democracy；赛先生就是科学，science。从那时开始，科学被认为是拯救中国于水火之中的一个重要法宝。我们知道，近代中国的主要问题是如何应对来自西方列强的侵略。先进的中国人提出“师夷之长技以制夷”，科学和民主就被认为是洋人的“长技”。在这个语境之下，“科学”其实更多指的是现代西方的技术，是导致“坚船利炮”的东西。在现代汉语中，“科学”经常被读成“科技”，原因就在这里：中国人其实更关心的是“技术”，对“科学”并不熟悉，也不太关心。

因此我们今天讲科学，首先需要来一个正本清源，也就是追溯在西方语境下“科学”的意思。

英国人讲科学一般讲的是自然科学，讲science就是指natural science，跟我们中文很像。咱们这个中科院——中国科学院，就不用加自然两个字，你要讲别的科学就要加一个定语，什么社会科学院、农业科学院都要加定语。英文是这样，但是法文和德文并不是这样。法语的 science 和德文的 wissenshaft 并不必然指自然科学，而是指一般意义上成体系的知识，包括文史哲这样的人文学科。法语和德语的“科学”继承了拉丁文 scientia 和希腊文 episteme 的意思，讲的都是成系统的知识。因此，要理解来自西方的科学，必须首先搞清楚西方人的“知识”追求走的是一个什么样的路径，为什么会走这个路径。

希腊理性科学

这就要讲到中西文化的差异。过去我们有一个错误的看法，认为科学是一个与文化无关的东西，它“横空出世”，无牵无挂，普遍有效，代表着人类这个物种最先进的生活形态。似乎只要有人，人只要想活命，都一定要搞科学。这还是把科学理解成了技术的表现。其实，科学对于人类的基本生存并不是必需的。历史上的大多数时期、大多数民族是没有科学的。科学是一种非常特殊的文化现象，或者准确地说，科学是西方这个特定的文化传统中产生的特定的文化现象。不同的文化传统、不同的人文传统会孕育出不同的知识类型。在西方，这个知识类型就是科学，而在我们中国就不是科学，而是礼仪伦理。

科学是一种非常特殊的文化现象。

为了把“科学”引出来，我们要从人文这个视角来入手。我们讲人生在世终有一死，为什么我们一个必死的人都活得很愉快、很努力、很认真？就是因为我们的文化为我们提供了一个值得活的生活模式。在这个文化之下，我们觉得我们的生活是值得过的。这个文化里面最核心的部分就是人文理念，就是关于做什么样的人是最理想的人的一个界定。中西文化之间的根本差异在于人文理念的差异。在现在这个物欲横流的时代，许多人会说，都是人嘛，吃饱喝足就是基本的要求，是基本的共性。其实不是这么回事。吃饱喝足，吃什么？喝什么？到什么地步为足？以什么方式吃？……这些都是问题。不同的文化有不同的答案，所以我们必须从人文理念开始来追究科学的根源。

中国的文化以儒家文化为主导。对于儒家来说，什么是人呢？人的最高理想就是一个字——“仁”。仁者爱人的“仁”，仁慈的“仁”，克己复礼为仁的“仁”，杀身成仁的“仁”。这个“仁”是什么意思呢？就是亲情之爱，推己及人的爱，有差等的爱。这是我们中国文化关于理想人性的基本规定。为什么会这样？中国文化是一种血缘文化，建立在一种自然农耕经济之上的血缘文化，以血亲为文化基因。我们有时候也说中国文化是个亲情文化。对我们中国人来说，情是最高的东西，情感至上，理和法次之。我们中国人的法治意识比较淡薄和我们的文化基因有很大的关系。我们不愿意打官司，有什么事私下解决算了，我们的居委会调解制度是具有中国特色的。不愿意轻易上法庭，上法庭不是什么光彩的事，打赢了官司也不见得你就是个好人。所以我们经常说合法不合理，理比法似乎高一点。因为即使打赢了官司，你依然可能是输了理。我们中国人心目中理比法要高，但是理也不是最高的。我们还有一句话叫“公说公有理，婆说婆有理”。这个理是相对的，你如果较死理那就没意思了。那么什么是最高的呢？刚才我讲了情感至上。《论语》里有一个故事：一个学生问孔子说为什么父母死后要守孝三年。这当然是个很好的问题，为什么不是两年半，为什么不是三年零一个月，一定要三年呢？孔子并没有正面回答他的问题，因为这个问题没法回答。孔子的方法是通过唤醒他的幼年时的回忆，让他重温父母养育的恩情：你小时候父母含辛茹苦养育你不只三年吧，吃的苦、操的心、受的累不只三年吧，通过这个让你回忆起浓浓的亲情，把你带回你的童年，让你逐步感觉到问这个问题本身就不对，就不应该问这个问题。在情感的氛围当中，这个问题就被消解了。所以说中国文化本质上是亲情文化。有时我们讲“血浓于水”，“一笔写不出两个吴字”，都是讲的这个意思。

西方文化是一种地缘文化，区别于我们的血缘文化。

西方文化是一种地缘文化，区别于我们的血缘文化。什么叫“地缘文化”呢？今天我们诸位走到一起就是一个地缘行为，我们之间没有血缘关系，但是我们为了某种事情走到一起。走到一起之后如何构建文化秩序呢？地缘文化实质上是契约文化，不同背景不同出身的人走到一起，生活在一起，需要定一套规则。比如说：要听讲就好好坐着把手机关掉，不要讲话之类的；我作为主讲人，也需要好好讲，努力回答问题，等等。这就是契约。

契约文化始终是西方文化最根本的一个标志。这个“约”是西方文化很重要的标志，包括基督教中上帝和人之间也要定个约，《新约》、《旧约》都是约。我们现在讲市场经济中的游戏规则，这种规则意识也是来自西方文化。他们对规则看得很重，可以说看得很死，因为对他们来讲，规则一旦打破，文化就解体了、就完蛋了。

但是我们中国人呢，规则意识比较淡漠。因此西方人看不懂中国的东西，经常以为按道理中国应该不行了，可是时间过去了，还是很行。他们不懂我们中国人有规则，但是不唯规则。我们中国人做事情讲究灵活性，见机行事。我们的古典文献《易经》就是讲变化的智慧。在纷纭复杂的变化之中把事情搞好，这是最高的智慧。我们因地制宜、相机而行、见机行事、与时俱进，我们还讲识时务者为俊杰。当然这个词后来用坏了，变成一个贬义词了，实际上过去是好词，就是说你非常懂得在不同的情况下调整自己，不拘泥于死的条条框框。俗话说活人哪能叫尿憋死，说的也是这个意思。但是相比之下，西方人对规则就强调得比较死。我们中国人不大讲交通规则，有红绿灯，但不唯红绿灯，行人往往看见没有车来就过马路，不管现在是不是红灯。可是传说德国人三更半夜两点钟路上一辆车没有、一个人没有，他也一定要等着红灯变成绿灯再过去。这当然是很极端的表现，但是表达了西方文化对于规则的强调，因为这是它的文化的一个特质。我们出国的人都有一个感受，觉得外国人非常地刻板、古板，通融的余地很小。比如你给我写个推荐信吧，咱们中国人都说好话，尽量多说好话，对我又没有损失，你好我好大家好，何必呢？写好一点嘛。他不，有一是一、有二是二，绝不通篇好话。这跟他们的契约文化有关系。

契约文化有一个特点，它要求个体的独立性，个人的独立性，所以个人主义是西方文化中很突出的东西。我们中国人认为没有真正的个人，每个人都是在一个网络之中、社会之中。每个人在家有父母、亲戚；出门有朋友、领导、同事，关系网非常重要，一个人的价值就体现在这个网络之中。一个人取得了一点成绩，通常他都会把成绩和荣誉归于领导、同事、家人，甚至伟大的祖国。西方人不一样，西方人认为个人是独立的，个体主义、个人主义对契约文化是基本的东西。如果说我们中国人的核心人性理想是仁爱的“仁”的话，那么西方文化的核心价值理念就是“自由”。

如果说我们中国人的核心人性理想是仁爱的“仁”的话，那么西方文化的核心价值理念就是“自由”。

“自由”始终是西方文化的一个核心价值。我们耳熟能详的诗“生命诚可贵，爱情价更高；若为自由故，二者皆可抛”是这样讲的；“不自由、毋宁死”也表达的是这个意思。西方文化始终把对自由的追求，作为他们文化的内在驱动力。当他们需要捍卫什么东西的时候，最强有力的理由是“自由受到威胁”。我们中国人不大理解“自由”这个词，它在我们汉语里面往往是坏词：自由散漫、自由主义、自由化……都不是好词。我们也不大理解自由是怎么回事，以为自由就是胡来，想干什么就干什么，对不对？我经常喜欢举这个例子，比如你肚子非常饿，走到一个包子铺前一摸兜里没有钱，请问一个自由的行为是什么行为呢？通常的中国人都会认为，抓起包子就吃就是自由的行为。因为我们对自由的理解是孙悟空式的，蔑视规则。但是抓起包子就吃呢，在哲学家看来恰恰不是自由。因为他认为你是在屈服于你肉体的欲望，而没有按照道理来行事。所谓自由就是“由自”，由着“自己”，按照自己的逻辑和规则来办事，然而什么又是“自己”呢？其实西方的科学和哲学始终探讨的问题就是“自己”。希腊人讲“认识你自己”，哲学家康德讲“物自己”，都把“自己”列为首要的问题。为什么要讲“自己”呢？这就要说到科学的起源上来了。

我们对自由的理解是孙悟空式的，蔑视规则。但是抓起包子就吃呢，在哲学家看来恰恰不是自由。因为他认为你是在屈服于你肉体的欲望，而没有按照道理来行事。

大家知道现代西方文化是所谓的“两希文化”，一个是希腊，一个是希伯来。所谓的“希伯来”指的就是基督教，所以西方文化一个源头是希腊科学，另一个源头是基督教，这两个结合起来形成了西方文化的两大来源。我们讲科学必然从希腊讲起。

希腊文明的鼎盛时代是公元前500年到前300年之间，正好跟我们的春秋战国时期大致相同。那个时代被历史学家称为轴心时代，是我们现代文明的开端。希腊作为西方文明的源头，确实是一个很讲自由的国度。希腊是一个奴隶制社会，所有人分为自由民和奴隶。奴隶的标志是什么？就是没有自由。所以对希腊的自由民来说，希腊学术的一个很重要的功能就是要告诉他的子弟们，究竟什么是自由，如何达到自由的境地。因为，正像我们刚才说到的，要搞清楚自由是什么，并不是一件容易的事情。所以希腊的学问就是要围绕自由做文章，要告诉希腊自由民的后代、贵族的后代，如何真正领悟到自由。

希腊人发展了一种学问和知识类型，我们称之为科学，通过这种科学告诉希腊自由民的后代，什么是“真正的自由”。刚才说到自由的关键在于找到“自己”。希腊人说自己肯定是在灵魂里面，而不是在肉体里面，否则怎么理解舍生取义、从容就义这些伟大的道德行为呢？但灵魂也很复杂，灵魂里面的什么东西是“自己”的处所呢？他说是灵魂里面思想的部分。思想也有胡思乱想的时候啊，他说就是思想里面不能够胡思乱想的部分，叫做理性的那个部分。那么理性怎么把握呢？希腊人推出了今天称为“理念”的这样一个东西。

希腊科学或者说希腊学术——这两者是一回事，科学是希腊学术的另一个名字——分了两大类：一类叫数学，一类叫哲学。数学是初阶课程，哲学是高阶课程。希腊数学跟中国数学很不一样。中国人学数学是学计算，我们的数学都是应用型的计算题。但是希腊人学数学并不是学计算，或者说主要不是学计算，学什么呢？主要是学推理。希腊数学为什么走上了推理的道路呢？就是因为希腊人要研究这个理念——自由的根本之所在。

什么是理念？我们举个数学上研究圆的例子。什么是圆呢？我们可以说表蒙子是圆的、瓶盖是圆的，但是你仔细量一量会发现这个表蒙子并不很圆，那个瓶盖也不很圆。希腊人就问一个问题，他说既然我们的现实生活当中没有一个是真正圆的，那就表明我们知道什么是真正的圆。可是，真正的圆在哪里呢？现实生活中没有真正的圆，希腊人说真正的圆只能在另一个世界。这个世界就叫做理念世界，理念才是我们要着重研究的东西。

理念有什么特点呢？理念有两个基本的特点：第一个它是唯一的、独特的、不变化的。圆嘛，各种各样的圆都有，椭圆、扁圆，但是真正的圆只有一个；第二个特点呢，这个圆是自己说明自己的，不依赖其他的东西。我讲的可能有一点抽象。让我回头来讲讲中国数学和希腊数学的区别，你们就清楚了。我们以勾股定理为例。

很多人都知道勾股定理：一个直角三角形，一个边是三，一个边是四，那么斜边就是五，勾三股四弦五。在西方这个定理叫“毕达哥拉斯定理”。我们过去搞爱国主义教育，把这个定理叫“勾股定理”。实际上《周髀算经》里讲勾股的时候，还算不上定理，只是一个经验公式而已。我们的木工在长期的木匠实践中发现这样一个经验公式，但并没有被证明，中国人证明勾股定理是后来的事情，大概在公元500年的时候。但是在公元前500年的时候，希腊的毕达哥拉斯已经给出证明了。他说直角三角形边长的这样一个关系时，不是在测量基础上归纳出来的。希腊数学不怎么搞测量。希腊人虽然用尺子，但那个尺子上没有刻度，尺子只是直线的一个表示而已。毕达哥拉斯证明三角形的两个直角边的平方和等于斜边的平方这个事情，不是拿尺子去测量，而是要根据直角三角形本身的特点推出来。这个毕达哥拉斯定理蕴含在直角三角形本身的特征里面。什么是三角形呢？三角形就是三个边搭在一起形成的一个图形。什么是直角三角形？就是有一个角是直角的三角形。什么是直角啊？直角就是一半的平角……从头到尾都是概念的逻辑在起作用，用不着具体地看、具体地测量。他是根据直角三角形本身的特征，推出两个直角边的平方加起来等于斜边的平方。希腊科学一开始走的就是推理的道路、论证的道路、证明的道路、演绎的道路。推理、证明、演绎、论证，都是为了什么？都是为了一个目的，就是把这个道理，这个“理”，按照道理自身的逻辑推出来，不求诸他物。长期以来，希腊科学一开始为什么走这么一条道路成了一个历史之谜！今天我愿意提出我的破解。我认为，这条道路与它把“自由”作为他们的核心人文价值有关系。它的学术要凸显、贯彻“自由”这个维度。什么是自由？自由就是由自，就是自己决定自己，按照自身的原则行事。这个自身的原则最先体现在演绎数学里面，因为演绎恰恰就是自己把自己开展出来。

所以，希腊科学一开始就跟我们中国的学术不一样，跟中国的生存知识不一样。我们的知识都是实用型的，而他的知识一开始走的是内在演绎的发展道路，所以我们称希腊科学是自由的科学、是内在性的科学、是自我推理的科学。这个科学在当时并不是在和人文相区别的意义上提出来的，相反，它就是希腊人的人文学科。所以我经常说学数学，在希腊人看来不是学一个理科的课程，当然也说不上文科课程。它首先是一门政治课，是一门德育课程。希腊的年轻人通过学习数学慢慢领悟到什么是内在性的东西，从而最终真正领悟到什么是“自由的境界”。“自由的境界”就是固守内在性的境界。柏拉图学园的

希腊科学是自由的科学、是内在性的科学、是自我推理的科学。

门口挂了一个牌子，“不懂数学者不得入内”，指的就是对这种境界的一种要求。我经常开玩笑说：不学数学就不能像毛主席所说的那样，成为一个纯粹的人、一个高尚的人、一个脱离低级趣味的人。为什么这么说呢？在希腊人看来，你学的如果只是一些有用的知识，那是低级趣味的知识，只有无用的知识才是高尚的知识，真正的知识。这跟我们中国的情况是完全不一样的。对于我们的实用主义文化来说，没用的东西我们是不会学它的。要解决具体的问题，超越的东西我们考虑得比较少；而希腊人一开始就走这个道路，它一定要强调科学的目标是要达成自由的理念，而这个理念之所以被称为理念，就是因为它是绝对的、内在的、它是自我推演、自我展开的。在这个展开的过程中，理性起决定的作用。讲理、讲死理、就理论理，成了希腊科学的一个基本特征。

亚里士多德是柏拉图的学生，是他的高足，但是他毕业以后没有留在他的母校任教，而是自己单开了个学校，而且发展了一套和他的老师不一样的理论体系。有人问：柏拉图待你不薄，你怎么另搞一套呢？他说：我热爱柏拉图，但是我更热爱真理——“吾爱吾师，吾尤爱真理”——大家都知道这句话，相传就是亚里士多德说出来的。

这样一种把真理置于老师之上的行为，在我们中国人看来很难以理解。《论语》里面有一个很有名的讲法，叫做“子为父隐，父为子隐，直在其中”。父子互隐，隐就是隐瞒，比如你父亲犯了错误，甚至犯了法，孔子说你作为儿子不应该举报，他犯了错误你不应该公开谴责，别人可以谴责。这说明什么呢？因为中国文化是以血缘亲情作为基本的文化基因，在这样一个背景下，它是可以讲得通的。过去讲国家，国是按照家的结构形成的，而家庭的基本结构是血缘亲情关系。据说韩国法律里面还融入了儒家思想。比如说，在窝藏罪、包庇罪的处罚方面，如果你们有亲属关系的话，可以减除一半。本来该判十年判你五年就行了，这叫“亲亲互隐”，情有可原。在伤害罪里面如果你是亲属的话那要加倍，比如说，你虐待你的父母或孩子，本来判五年的话要判十年。儒家文化讲亲亲互隐，而希腊人是“吾爱吾师，吾尤爱真理”。所以我们可以说，希腊人讲理讲到一个极端的地步。因为在他们看来理是至高无上的，上面没东西了，讲理讲到绝对的地步。一件事情如果不合理，他们甚至认为，那么这件事情根本就不存在，是虚假的。

举个例子。希腊有一个叫芝诺的哲学家，他说：运动不存在。为什么运动不存在呢？因为运动不合理。为什么不合理呢？他说让我来证明给你看。为了从 A 点到达 B 点，我必须先到达 AB 的中点 C 对不对？为了到达 C 点，又必须到达 AC 的中点 D；为了达到 D 点，我必须先到达 AD 的中点 E……以此二分无穷无尽，所以我实际上一步也迈不动。第二个论证是这样说的：跑得快的追不上跑得慢的。为什么呢？他说，比如一只兔子想追本来在它前面的一个乌龟，它必须先到达乌龟刚才的位置对不对？可是等你到达乌龟刚才的位置的时候，乌龟又不在那儿了，又往前爬了。接着追，接着追还是这样的，你又要到达乌龟刚才的位置，到达乌龟刚才位置的时候，乌龟又在前面了……所以芝诺说，我们只能说兔子越来越接近乌龟，却不能说它追得上乌龟。这就是芝诺的所谓“运动悖论”。

我们中国人一般听到这里，直接反应就是你这是诡辩、狡辩嘛。我们中国人向来就不信这个歪理邪说，怎么追不上呢？你顶多是开一个玩笑而已。不是的，他们很认真。芝诺说，这个道理讲不通，那么运动就不存在。我们应该注意这个悖论确实推动了后来西方数学和逻辑的发展。这个难题到现在也不能说很好地解决了。后来也有人用动作来展示运动的确是存在的，但芝诺会说，尽管我确实看见你手在动，可这是假象。你把筷子放在水里去，筷子弯了没有？看起来是弯了，实际上没有弯，所以你看见它弯了实际上是假的。你看见我手在动，实际上并没有动，为什么没动呢？因为它不合理。运动因为不合理所以不存在。所以我们看到，他们走的路子一开始就设定了一个坚硬的东西，这个东西坚硬无比，可以作为永恒的根据。因为要捍卫理性的至高无上的地位，希腊人甚至不惜宣布我们的大部分感觉世界都是假的。从希腊以来，西方人的思维中始终存在着这样一个二分：主客二分、人与自然的二分、真相与假相的二分，其原始的根据就在于对这个坚硬的“理”的坚持和执著。

一开始讲过，人生在世终有一死。一个有死的人能够活蹦乱跳地、兴高采烈地、执著认真地活着，是因为我们的文化一开始就为我们提供了一个有意义的生活模式，这个模式里面核心的价值理念就是最高的人文理念。这个理念一旦打破了，我们的生活就会出现危机，因为生活值不值得过就成了问题。举个例子，什么样的情况使我们觉得万念俱灰？一个文化的基本价值如果出现问题的话，那这个民族就很成问题了，我们称为“文化危机”。大家知道五四时期我们的中华文化就处在文化危机之中，那个时候的优秀青年都不相信中国传统，觉得中国文化就是一团糟。鲁迅就很典型，他大声疾呼“不要读中国书!”跟青年们说“一个字都不要读!”你看看中国书里面就两个字：“吃人!”因此可以说当时的文化危机十分地严重。

同样对希腊人来讲，那个至高的理念不能破，一破了整个希腊文化甚至整个西方文化都会出问题。举个例子：$\sqrt{2}$的发现。大家知道$\sqrt{2}$就是一个等边的直角三角形的斜边的长度。等腰的直角三角形，如果直角边是1的话，那么斜边就是$\sqrt{2}$。$\sqrt{2}$最早是毕达哥拉斯学派的一个成员发现的。毕达哥拉斯学派的祖师毕达哥拉斯提出一个著名的哲学命题叫做“万物皆数”，世界上的事物本身都是“数”，可是毕达哥拉斯学派的一个成员发现$\sqrt{2}$不是一个数。当时的希腊人认为数都是有理数，所谓的有理数都是正整数之比，我们今天叫做有理数。只要你能把一个数表述成两个正整数的比例，哪怕是无限循环小数它也是有理数。但这位成员却发现$\sqrt{2}$不是一个数，永远不能够表述成两个正整数之比。这个发现出来以后，毕达哥拉斯学派可以说是悲痛欲绝，他们说怎么办呢？我们学派的宗旨是万物皆数，结果发现居然有一条边不能对应一个数。怎么办呢？没办法。结果他们把这个发现者扔到海里去，把他给处死了。我们解决不了你这个问题就把你处死算了。这个问题说明什么？说明他们对至高的理念强调到什么地步。正是由于有这样一种至高的理念，导致了希腊人的科学成了在人类所有的文明中间一个非常突出的东西，极其突出。它对于“理”之绝对性的强调，对于内在性逻辑的拘泥导致了一个非常特殊的知识类型。这个知识类型中国古代没有，其他文明如埃及、印度也没有。没有一种文化有希腊的这种知识理想和知识范型。

对于“理”之绝对性的强调，对于内在性逻辑的拘泥导致了一个非常特殊的知识类型。

以上我们讲到了科学在西方的第一个阶段：希腊科学。这是一种自由的科学，一种内在性科学，它不是经验科学，它是没有用的科学。希腊人相信，一门知识越没有用就越纯粹、越高贵。但是这样一种科学在历史上并没有持续多久，随着希腊文明的衰落而衰落。文艺复兴之后，欧洲人重新发扬光大希腊的科学传统，并且酿造出了另外一种科学类型——就是我们中国人很熟悉的现代科学。现代科学不是一种纯粹的科学，它是要有用的。

现代求力科学

现代科学有两个始祖，讲了两句很有名的话。一个叫做弗朗西斯·培根，讲了一句“知识就是力量”。这句话很重要，它一语道破了现代科学的特征。什么特征呢？现代科学是力量型科学，现代科学是有用的科学。培根批判希腊人都是孩子，爱玩儿，不懂得把科学用来造福于人类，改善人类的物质生活条件。在我看来，希腊人有两大重要的发明，一个是刚才说到的演绎科学，另一个就是奥运会。明年我们就要开奥运会了，而奥运会就是希腊人发明的。当然现代奥运会和古代奥运会有很不一样的地方。古代奥运会，olympic games，是游戏。现代奥运会游戏的成分已经很淡了。现代奥运会是竞争很激烈的，叫做 competition 更贴切，不像是希腊人的奥运会，就是玩儿，是一项自由的运动。这件事情应该跟我们刚才讲的科学的起源连在一起理解。所以培根说希腊人不行，那么好的科学一点用没有，吃得还是那么差，住得还是那么差，过的日子也就那么一般。他认为科学应该为人类造福，要发展功利型的科学，发展应用型学科。怎么办？首先要面向经验和实践，所以

现代科学是力量型科学，现代科学是有用的科学。

培根说，要对自然界有一种新的态度，要利用它。培根还说，要征服自然必先顺从自然，欲顺从自然必先了解自然，怎么了解？因此他说了解自然不是一般的了解，不是你坐在一边看着自然界，应该把自然界抓起来拷问它，让它供出自己的秘密。所以培根的思想实际上为近代的实验科学提供了一个重要的哲学依据。近代的科学一开始就走上实验的道路，其背后的根据就是要通过对自然进行拷问来逼出自然的奥秘，从而最终掌控自然、征服自然，为自己造福，为自己服务。这就是我们近代科学的一个重要的本质，即为人类造福，它是人类中心主义的。

近代的科学一开始就走上实验的道路，其背后的根据就是要通过对自然进行拷问来逼出自然的奥秘，从而最终掌控自然、征服自然，为自己造福，为自己服务。

还有个人物我们称为笛卡儿，是一个法国科学家。他也有句名言，他说“我思故我在”，很多人都听说过。这句话比较费解，但实际上这句话也被认为是近代思想的第一声号角。为什么呢？因为在这句话里，“思想”、“理性”依然是这个世界的根据，只不过，这个思想不再是“神”的思想，而是“我”的思想。当然这里的“我”不是笛卡儿本人，而是我们大写的人。人类的近代之所以走向了一个新的科学类型，与我们人成为中心有关系，所以我们说近代科学本质上是人类中心主义的科学。今天我们讲“以人为本”，实际上是近代科学基本的思路：人成为我们这个时代、我们这个世界的价值核心。世界是什么样的，从此以后都要按照人的目光，按照人的理解框架去透视它。笛卡儿不仅提出了这个“以人为本”的思想，而且给出了实现的方案，那就是对世界进行普遍的数学化。笛卡儿是近代数学化运动的一个重要人物，直角坐标系是他发明的。几何和算术过去是两个独立的学科，互相没有关系，但是从他开始几何、算术相通了。所谓的解析几何，就是通过算术或者代数的方式来解决几何问题。笛卡儿做了一个很重要的还原工作，就是把物质归结为空间，把空间几何化，以此实现世界彻底的数学化。为什么要这么做呢？因为他认为只有数学上能说得通的东西才是真正存在的东西。注意这句话，这句话跟希腊人的话很像，只有合理的才是存在的，不合理的不存在。笛卡儿进一步规定了自然界本身，那就是能够被数学化的部分才是真正的自然界，不能数学化的部分呢？或者是暂时不能数学化，最终还能数学化，或者是原则上不能数学化。对于后者，他说那就不是自然界的东西，而是人自己脑子想的东西，是脑子的私心杂念、胡思乱想。从这里我们很清楚地看到他继承了希腊人的科学理想。

近代科学跟希腊科学不是两门完全不一样的科学，而是源与流的关系，但近代科学提供了一个新的维度。什么维度？就是力量的维度、征服的维度、实验的维度。希腊科学是不讲实验的，它不做实验，它认为动动脑筋就可以了，内在性的思路，这与他们对自由的理解有关：他们把自由看成是对理性的基督教文化给近代世界带来一个新的东西，就是意志自由、自由意志。

纯粹认识和纯粹知识。但是近代人的自由观有很大变化。这就要讲到我们刚才所说的两希文化的第二个，基督教文化给近代世界带来一个新的东西，就是意志自由、自由意志。

今天时间有限，我们讲不了那么多，只能简单地说一下。基督教强调上天堂、下地狱都由你自己造成的，上帝赋予了你自由意志，给了你选择的可能性，你愿意上天堂就上天堂，愿意下地狱就下地狱。很多局外人经常说，既然上帝那么好，那我们的世界怎么还那么多灾多难啊，那么多悲剧啊，那么多不幸啊！上帝为什么不创造一个什么麻烦事都没有、始终太平、风调雨顺的世界呢？这似乎是基督教里面很麻烦的一个问题。其实对基督教来讲，这个问题并不麻烦，解决的关键就是他们对于自由的理解。人类的先祖背离上帝的指示，被迫离开了伊甸园。背离这个事情本身是一个自由行为，这是现存一切可能性的根源。所以意志自由从中世纪开始就被引进来，以补充希腊人的知识论意义上的自由。到了近代，自由的理念中已经包含了“意志”这个新的维度。它强调人要行使自己的意志自由，要做点什么。青年学生都熟悉奥斯特洛夫斯基在《钢铁是怎样炼成的》里面讲的，人的一生应该这样度过，在临死的时候回顾自己的一生，觉得自己没有虚度……这是一个非常典型的现代性的生活模式。什么模式呢？就是 will to power，一种求力的意志。我这一辈子总要做点什么，干点事业出来，否则我来世上一遭就白来了。其实这个模式并不是自古以来人类普遍的生活模式，我们中国古代就没有这个模式，希腊人也没有这个模式。希腊人认为通过沉思、通过理解理念的内在逻辑能够获得一种高尚的生活。中世纪的人也不是这个逻辑，中世纪的人低着头祈祷、冥思苦想，在修道院里过着最理想的生活。近代人开始发现人要做点事情、要有所作为、要有进取之心。

正是这样一个求力意志构成了近代科学的重要特征。近代科学是一个攻击型的、进取型的，你也可以说是侵略型的知识策略。侵略谁？自然界。把自然物抓起来关到实验室里去，让它处在一个非自然的状态之中，考察它们在不同的非自然条件下必然会有什么样的反应，这就是实验。实验就是在一个极端条件下让自然界把自己的规律给显示出来，能不能在自然条件下显示呢？不容易。自然条件下不大容易显示那些由于人工干预而必然会产生的规律，怎么办呢？只有到实验室里面来，让它处在高温、高压、高浓度、高密度、高磁场或者是特别低的低温、低压、低浓度等，总而言之在一种非自然状态下，自然的因果规律就能够显露出来。这个所谓因果规律，其实就是一个刺激和反应规律，本质上是一种服务于控制的规律。这就跟驯马一样，你捅它一下看它有什么反应，如果你掌握了马的所有的刺激反应规律，那么马就被驯服了，因为你知道如何控制马，知道它会有什么样的反应，所以你就不怕了、就不陌生

近代科学是一个攻击型的、进取型的，你也可以说是侵略型的知识策略。

了，你就可以驾驭了。

近代科学的理想就是驾驭自然界。通过在实验室里不断地、反复地对自然界进行各式各样的刺激，我们掌握了自然界的刺激—反应模式。所以近代科学基本上是一个追求决定论的科学，预测是对近代科学的基本要求。可重复实验正是为了保证这种可预测性。有了预测能力我们就能安心地征服自然。如果我们对自然界原则上不知道它会有什么反应，那我们就不敢轻举妄动了。如果把山劈了不知道有什么后果，那我就不敢轻易劈它；如果说科学计算发现山劈了问题不大，或者说即使有问题，也是我们能够知道的、能够解决的，那就可以放心大胆地劈吧。所以，近代人对自然的放肆和无所畏惧是建立在对自然规律，特别是确定性规律、决定论规律的掌握之上。

今天我在这里讲述什么是科学，一个主要的目标是要回到人们对科学的早期理解上去。因为，现代科学在几个意义上对古典科学有所背离，而这些背离是近代科学导致的诸多问题的根源。第一个背离是对自由本身的背离。科学对自然界越征服，对自然界越控制，似乎人们就越自由。比如今天到上海去，坐飞机一会儿就过去了。过去坐牛车马车得走好几个月。我们因为现代科学和现代技术而具有对自然的征服和控制力量。我们越是有更高的技术，我们越是感到自己很自由，越是感到自己成功地征服了自然。可问题是，我本身也是自然的一部分，因此当我们人类运用现代的技术对自然进行征服和控制的时候，它同时意味着人对自己也进行了完全的征服和控制。现代人经常谈的所谓异化状态，人成了机器的奴隶、成了机器的工具，根本的原因就在于此。人在现代被分裂为两半，一方面作为主体的人似乎是高扬起来了，但另一方面我们作为自然的一部分，却被严重地贬低了、边缘化了，人和自然一起丧失了自主性和尊严。人体适合喝矿泉水，不适合喝污染的水，而污染恰恰是我们的化学工业造成的，是我们征服自然的行为带来的。人适合晚上睡觉、白天起床，日出而作、日落而息最好，反之，不自然，久而久之，对身体有害。人有自己的固有生理节奏，我们千百万年进化带来的和太阳运动规律相协调的节奏决定了我们人的基本的生理节奏，但是现代社会非常繁忙，因为我们有了技术，所以使得我们能够无视这个节奏，人为地创造一些生活节奏。结果是什么呢？结果就是我们自己受不了，人体自身受不了。现代社会的繁忙、烦躁、心理疾病和这个都有关系。总的一个根源就是人在征服自然的时候，把自个儿也给绕进去了。在技术征服自然的时候，人也被技术所征服了，这是现代科学遭遇的一个很大的问题。究其根本，自由的问题被重新突出出来。它让我们同时质疑，现代科学以实验室的方式，通过对我们的世界进行数学的还原，来对自然进行

我本身也是自然的一部分，因此当我们人类运用现代的技术对自然进行征服和控制的时候，它同时意味着人对自己也进行了完全的征服和控制。

控制和掌握的这么一条路子，究竟还能走多远。

每当这个时候，我们中国人就会情不自禁地回忆起自己的传统文化。中国古代有没有科学，这是大家很喜欢问的一个问题。按照我刚才的讲法中国当然没有科学，因为科学指的就是希腊人的知识类型。中国有知识、有学问，这没有问题，但是没有西方那种知识、那种学问。西方的知识和学问从源头开始以追求自由的理念为核心价值，因此走上了一条特殊的求知道路。中国古人走上了另一条道路，那我们中国是不是很丢人呢？是不是应该怪自己的祖宗呢？我认为，根本不应该这样。我们在现代化的过程中，造成了许多很偏激的思想，对我们的传统妄自菲薄，甚至恶意诬蔑自己的祖先。不是反思我们自己没有把事情做好，而是动不动怪祖先。任何一个伟大的文化都具有丰富的多样性资源，有自己的内在张力，以应对新的问题和困难。可是近代中国人把自己的文化传统丢光了，使得自己在应对新的问题时，完全无所凭借，这样的民族如何会有希望呢？一个没有文化主体的民族，如何能够自立于世界民族之林？

现在政府提出中华民族的伟大复兴，这个伟大的复兴不光是赚很多钱的问题，不光是经济起飞的问题，更重要的是让自己的文化强大起来，成为强势文化。西方近代的崛起是靠文艺复兴，靠的是对希腊文化的发扬和光大，他们找到自己的根了，他们把希腊文化和基督教文化结合起来酿成了近现代强势的西方文化。我们靠什么呢？自己的东西全丢光了，洋人的我们又学不来，学不像。希腊人那样一种自由的理念，我们中国人还谈不上十分理解，一说科学，就总是想着如何用，如何发展生产力，如何致富。今天的中国实际上面临两方面的问题，一方面是如何正确看待自己的传统，如何重新树立文化自信，确立文化本体；另一方面是同全球化时代的世界人民一起，直面现代科学技术带来的共同问题。

今天讲科学并没有给出一个定义。很多人期待一个定义，其实这是一种简单性思维。尼采说，历史性的东西是给不出定义的。科学也是一种历史性的东西，它处在演变之中。因此，对于历史性的东西只能给出历史性的说明。今天我采用的方法是给出不同的科学类型。今天我讲了两种类型的科学，先花了很多精力讲科学的正宗、正溯、本源，就是希腊的理性科学，我称之为自由的科学；我又讲到了近代的求力科学，以及求力科学在当代碰到的问题。出了问题怎么办？有很多办法，我的粗略的想法就是，一方面要引进东方的博物智慧，以弥补西方思维的缺陷；另一方面要回溯希腊自由科学的理念，来改变、修正我们的现代科学，使之朝着健康的道路发展。我就讲到这儿，谢谢大家。

一方面要引进东方的博物智慧，以弥补西方思维的缺陷；另一方面要回溯希腊自由科学的理念，来改变、修正我们的现代科学，使之朝着健康的道路发展。

近代科学的形而上学基础*

很高兴再次来到上海师范大学哲学系。几年前我应马德邻老师的邀请来做过一次讲演，题目叫做《科学究竟是什么?》。那一次我着重讲了西方科学的起源，并且特别强调了科学的文化依赖性，也就是说，科学不是文化中性的，不是与文化无关的。在我们通常讲科学是什么的时候，往往忽视了这个问题，忽略了科学是在西方的文化背景中成长起来的一种特殊的文化现象。讲科学的起源，不是去追究人种学、生理学方面的差异，也不是去追究地理环境方面的差异，而是要首先从中国的人文理想和西方的人文理想的差别入手。

希腊人的智慧是“知”的智慧，中国人的智慧是“爱”的智慧。

希腊人用“自由”来规定人之为人，把“自由”理解成对“逻各斯”的认识和内在认同，这是“科学”起源于希腊的真正原因之所在。希腊人的智慧是“知”的智慧，中国人的智慧是“爱”的智慧。希腊人从一开始就走上了追求“理知”的道路。为什么理知那么重要？就在于希腊人开创了一个内在性的传统，也就是说，一个自由人首先是具有一颗自由的心灵，而在自由的心灵里，思想始终是自己与自己对话，思想是一个心

* 2007 年 11 月 20 日在上海师范大学的讲演。

灵独白。希腊人开辟的这个传统，把人生的意义和价值寄托在一个内在性的领域，在这个领域里自己跟自己对话，自己跟自己交谈，自己推出自己，自己为自己立法，自己成为自己的根据。一言以蔽之，就是“自己”始终作为西方哲学思想的核心命题，这个“自己”一以贯之。康德讲“物自体”的时候，其实就是“物自己”。这种“自己性”就是希腊人所理解的“自由”。所以科学作为自由的学问，必定是一门理性的学问。这是我们上一次讲过的内容，也是我这些年在很多场合下不断强调的东西。科学的精神本质上是一种自由的精神，科学之所以在西方发源，是因为根源于西方人文理念中自由的概念；中国人之所以不理解科学或者误解科学，是因为我们缺乏对自由的真正领悟和根本理解。

今天我想讲一个新的内容：在西方的文化背景下，近代科学是如何产生的？近代科学不是希腊古典科学，和古典科学有很大的区别。古典科学是理性的科学，是纯粹的科学。纯粹科学是非功利的，是没有用处的，但是近代科学是很有用的。西方文明之所以打遍天下无敌手，就是靠它的近代科学、近代科技。近代科技首先是力量化的，是操作化的，是功利化的。这样一种科学如何在古典科学非功利的背景中成长起来，是我们今天要关注的话题。某种意义上讲，今天的讲演是上一次讲演的内容话题的延续。这是第一个交待。

第二个交待是关于这个题目的。学哲学的同学会感觉这个题目很陈旧，他会说，你讲基础，是不是基础主义者？你讲形而上学，是不是向当代的后形而上学发出挑战？其实都不是。我只是想从思想史角度讲一讲现代科学诞生的背景。我们学理科的同学很容易把科学的出现看成一件自然的事情，以为只要是人，需要吃穿住行，就都会发展科学。这是完全错误的观念。要解决吃穿住行的问题，需要技术，但不一定需要科学。科学的出现都是有它的预设的，正是这些预设决定了科学之所以兴起。所以，今天这个题目也可以改为“近代科学诞生的历史必要条件”。大家知道，历史没有充分条件，但是我们可以考虑一些必要条件。这是第二个交待。

近代科学的诞生有很多先决条件需要理清。第一个就是回到西方的历史条件下看，是什么导致近代科学和古代科学的根本区别。这就必须要提到，基督教的出现是近代科学诞生的一个很强大的背景。没有这个背景，就不可能理解近代科学为什么在西方出现。这是我今天要讲的第一个方面。第二个要讲的是世界观的改变。世界观的改变造就了近代科学和古典科学的根本区别。我想讲这两个方面的内容。

近代科学产生的基督教背景

我们先回顾一下希腊古典科学的两个基本特征：第一，逻各斯、理念是神界的知识，人并不是万物的尺度，人之所以能够提升自己，是因为你领悟到神界的知识。那个时候不存在什么人文主义的东西。第二，希腊科学完全是没有功利色彩的，你问一个希腊人学问有什么用，他会认为你是对他的侮辱，你是在怀疑我学问的纯正性，怀疑我的学问的真正价值和意义。纯正的学问是没有使用价值的，这是古典科学的一个特点。但是近代科学有很多改变。究竟有哪些改变？为什么会有这些改变？

我们首先要考虑的是基督教的背景。基督教的背景当然非常复杂，但我今天只考虑三个方面。第一个，我想讲一下基督教对于自由概念的转变。在西方世界，自由始终是一个关键词，是这个文化的一个核心术语。但在不同的历史阶段，对自由的理解是有变化的。近代世界之所以和古代世界不一样，就是因为自由的观念本身发生了很重要的变化。第二个方面，就是讲人的地位在基督教世界发生了改变。第三就是创世观念的出现，对于近代科学的机械自然观的决定性贡献。

先讲自由的观念。我们知道，希腊人的自由，实际上是知识论意义上的自由，是说通过服从一个理的逻辑来获得自由。这个命题到黑格尔这里讲得最为清楚：黑格尔说自由是对必然的认识。自由是一种认识，这是黑格尔把希腊人的自由观念做了一个很好的概括。对希腊人来说，追求自由就是追求自知，就是认识你自己。西方的知识论、认识论始终占据重要的地位，这和希腊人的自由观有关系。因为自由就是服从理性，就是服从内在逻辑，服从必然性。但是基督教产生了新的自由概念，这就是所谓的意志自由。阿伦特晚年的三部曲，讲人的精神生活有三种，也就是思想、意志和判断。思想对应着求知那一部分，是通过认识来获取的自由，而意志的部分就是基督教所开发的新维度。

现代人理解的自由很大程度上是意志自由，而这个意志自由在希腊人那里是没有的。希腊人没有提出意志这个概念，但这个意志概念对基督教是非常重要的。基督教有许多传统的难题，每一个初接触基督教的人都可以问很多问题。比如说既然上帝那么好，为什么不创造一个美好的世界，让我们舒服舒服，别那么费劲？为什么世界有罪恶、灾难、不幸？为什么上帝不造就一个没有丑恶、没有灾难的世界呢？既然上帝全善全能全知，为什么不造就一个好的世界，而让我们陷入这样一个悲惨的境地呢？基督教神学家们有自己的解释。他们说这一切都不是上帝不全能造成的，而是人类自由所造成的，是人的意志自由所造成的。上帝的确知道并且能够阻止人类犯罪，但是他认为自由意志是更重要的东西，因为唯有自由意志才使人类有向善的可能。值得注意的是，人的这个意志自由是可以不服从理性的。也就是说，你有非理性的自由，有愚昧的自由，有无知的自由，有犯错误的自由。正因为你有自由意志，你才可能受到谴责，可以受到惩罚和奖赏。如果你做一件好事不是因为出于自由意志去做，这个不值得奖赏。相反，如果你做了坏事不是因为出于自由的行为，那么对你的惩罚也是没有意义的。如果一个人杀了人，他脑子有毛病，那他就可以免责，不用判他死刑。你惩罚一个有精神病的杀人者是很无聊的，因为他不是在一个自由意志下做的事情。基督教提出的这个自由意志的概念给出了一种新的人的规定性，就是说，人不仅是一个遵循逻辑、遵循理性、遵循内在规律的存在者，他还是一个具有选择能力、具有做任何事情的可能性的存在者，这是我们现代人基本认同的自由观念。这个意志自由实际上在希腊时期没有被强调，是基督教把它拿了出来。这个世界有善、有恶、有不幸、有灾难，但都和人的自由有关系，我们的祖先亚当、夏娃由于不恰当地运用求知的自由使我们犯了原罪，所以我们需要用另外一种行为来赎这样的罪，就是追随耶稣，重新运用自己的自由。这个意志自由显示出人的另一个维度，那就是，人除了能够服从理念的召唤之外，还有其他方面的可能性。

基督教提出的这个自由意志的概念给出了一种新的人的规定性，就是说，人不仅是一个遵循逻辑、遵循理性、遵循内在规律的存在者，他还是一个具有选择能力、具有做任何事情的可能性的存在者，这是我们现代人基本认同的自由观念。

这种意志自由的维度，对于理解我们现代社会的很多问题是特别重要的。现在有一句口号叫做：“以讲科学为荣，以不讲科学为耻。”这里包含着的就是一个非常古典的自由观念。实际上现代人都会认为，单纯的认知不足以导致善，一个人可能有很多知识，但一样可以是一个道德败坏的人，一个很坏的人。一个没有知识的人也完全可以是一个道德高尚的人。启蒙运动的时候，卢梭就高声讲出了这样的意思：人有不遵循理性的自由。这个维度过去是没有的，它的开掘导致了一种全新的可能性，那就是，人把自己意志自由的实现当做新时代的人文标准。

正如我在上次讲演中所说的，我们说“人文”的时候，往往指的是“人”和“文”两个东西。其中的“人”指的是理想的人性，其中的“文”指的是达成这种理想人性的教化形式。“文”依赖于“人”。“人”的生活模式根源于对什么是高尚的人、什么是纯粹的人的认定之上。对西方人来说，自由是他们最高尚的人性理想。希腊人认为追寻理性就是自由，因此发展出了我们称之为“科学”的东西。“科学”在这里就是指那些演绎的、论证的、推理的、证明的东西，也就是我们今天称之为“科学思想”的那些基本的风格和特点。经过基督教洗礼之后的近代的“人”的规定性发生了改变，它不光是要推理、论证、演绎，还要实现自己的意志，要有所欲所求，而且通过推理、论证和演绎来实现自己的意志。这正是现代科学的精神实质。而这根源于对自由的看法的改变。对于一个希腊人来说，最高贵的姿势是仰望星空；对于一个中世纪的修道士来说，最高贵的姿势是低头沉思、忏悔、认罪；但对于一个现代人来

对于一个希腊人来说，最高贵的姿势是仰望星空；对于一个中世纪的修道士来说，最高贵的姿势是低头沉思、忏悔、认罪；但对于一个现代人来说，他的最高贵的姿势恐怕就是弄潮儿。

说，他的最高贵的姿势恐怕就是弄潮儿：他要去做事情，闯天下，要有所作为，至于做什么是开放的。你可以做勇士去格斗杀人，也可以做演员去作秀，总而言之，你要把自己的人生价值通过你个人的方式实现出来，那就是做事情，不要闲着。闲着是最大的反人性。我们都知道，奥斯特洛夫斯基在他的《钢铁是怎样炼成的》一书中所描述的那个经典的段落。保尔说，人的一生应这样度过，在他临终的时候，回忆自己的一生不会因为碌碌无为而感到羞愧。他的这个思想表达的就是近代的新的自由观。这个自由观就是通过自己的行动使自己的意志自由得以实现。基督教自由观念的改变，为现代的人性理想奠定了基础，就是由一个唯理的自由转换为唯意志的自由。尼采把现代性的这一核心部分归结为“权力意志”，will to power，或者叫“强力意志”，也翻译为“求力意志”，对力量的追求。对于这个目标不管你是社会主义阵营还是资本主义阵营，不管你做好事还是做坏事，总而言之，它成为了一个新的指向。

基督教造成的第二个改变，是人的地位的改变。在希腊时代，人的地位是不高的，当然也有一些智者像普罗泰戈拉说过，人是存在者存在的尺度，是不存在者不存在的尺度，很像是一个人类中心主义的说法。但是他的这个说法在当时是受到驳斥的，受到苏格拉底和柏拉图的驳斥，认为这会导致相对主义，有碍于确定性知识的寻求。事实上希腊思想的主流，如柏拉图、亚里士多德都没有把人放在一个很高的位置。世界的逻各斯不是人来宣布的，而是由神来宣布的。个别的聪明人、有智慧的人不过是有幸“看见”了神界的这个逻辑，遵循这个东西能够进入一个比较高的境界。

但是从基督教开始，人的地位发生了微妙的变化。在《创世记》里讲人的创造时有几个特征。上帝是按照自己的面容来造人的，因此人的形象具有一定的神圣性。另外，上帝是把人当做万物之灵长来设计的，造完人之后，上帝吹了一口精气或者灵气，使人成为万物之灵长。上帝还允许人来管理地上的所有事物，飞鸟走兽游鱼都由人来管理。所以《圣经》本身，就为人类中心主义提供了逻辑可能性，以至于后来有些思想家认为，现代环境破坏、环境危机的根源可以追溯到基督教，典型的如怀特。当然这个问题还可以争论，但是人的地位从基督教开始确实是发生了变化。在上帝之下，在这个唯一的绝对之下，人是最高的。人甚至具有某种准上帝的可能性，这是后话。但基督教确定开辟了这个空间，他的意志自由就是要去创造，要去实现，不管是善行还是恶行。因为有了意志自由，他是可以嫌上帝创造的秩序不够好，准备自己亲自去创造的。不管怎么说，《圣经》为人类中心主义埋下了种子，至少提供了一种逻辑可能性。这是第二个方面。

第三个方面是基督教的创世观念。创世本身对于近代科学有什么意义呢？它的主要意义是为机械自然观提供了一个逻辑前提。大家一定要记住，把世界整体看做一个机器，这是一个非同寻常的事件。在几乎所有的文明和文化里面，世界都是被看做一个有机体，自我生长出来的，世界的起源类似于一个有机体的繁殖过程。通常的创世神话都把世界看成一个生殖行为，如天父啊、地母啊，然后生下来一大堆东西。这个有机体的生殖过程是一个内在的过程，本身没有什么可追问的。但是机械就不同。机械之为机械就在于它必须有一个外在者，一个他者，来创造它们。所有的机器都暗含了一个创造者。我喜欢举例说，你走在沙漠里，你看到一个植物，你会很感动，在沙漠里如此恶劣的条件下，这个植物能够长出来，你会很钦佩它，你会认为这个植物是自己长出来的。但是走了几步，你看到一个手表，这个时候你一定不会认为这个手表是沙漠里自己长出来的，你一定会认为它是被人扔在这里的。机器作为机器，必定有一个制造者。如果这样的话，整个世界就很难被设想为一个机器。因为世界的意思就是包含所有的东西，至大无外嘛，我们不可能设想世界之外还有什么，这本身是一个逻辑的困难。因此，你甚至逻辑上不能设想世界是一个机器。但是，基督教文明可以。因为基督教的上帝永远是一个他者，一个绝对的他者，永远在世界之外，而世界就是上帝的作品。机械自然观的逻辑前提是创世观念。过去我们经常批评机械自然

机械自然观的逻辑前提是创世观念。

观是一种僵化的唯物主义形式，而神创观好像是一个反动的唯心主义，言下之意，就是机械自然观是“人民内部矛盾”，神创观是“敌我矛盾”。其实这两者是一回事。没有创世观念就不可能为机械自然观提供必要的逻辑前提。所以我们看到，只有在基督教这种逻辑脉络之下，才能把整个世界设想成一架机器。

自由意志、人类中心主义、创世这三者在我看来，构成了近代科学很重要的三大预设。

自由意志、人类中心主义、创世这三者在我看来，构成了近代科学很重要的三大预设，没有这三大预设，近代科学是产生不出来的。

我们可以从另一个角度来进一步解释这三个要素对于近代科学的重要性。我们通过几个重要人物的思想来表达近代科学和希腊古典科学的区别。我们经常说笛卡儿和培根是近代科学的两杆旗帜。笛卡儿讲“我思”，这个“我思”为何具有那么重要的意义呢？“我思”实际上表达了近代人对世界的一个重新安排。就像希腊人一样，“思想”依然是世界的本质，但不同的是他加了一个“我”字。在“我思”这里，“我”这个大写的人——当然不是笛卡儿本人——成为世界的一个价值原点，成为一个阿基米德点，整个世界成为我的世界，是通过我的眼睛看出来的那个世界。于是，“我”就成了世界的先验标准。这是笛卡儿的意思。

我们再看看培根的思想。弗朗西斯·培根说，知识就是力量。这句话后来成了现代性的口号，它意味着追求力量、追求效率成为我们这个时代最重要的形而上学预设。培根的这个预设当然有它的时代背景，它蕴含着基督教传统及其变革的时代背景，包含着文艺复兴时期新兴的思想背景，这些背景共同铸造了一个新的科学形象。这个形象就是，科学不再是一种沉思、一种静观，科学必定要诉诸行动。所以近代科学，不只是理论科学、理性科学，都最终要诉诸技术，诉诸力量。也就是说，近代科学和近代技术有着内在的不可分性。现在西方的学者，把现代科学叫做 technoscience，这是把 technology 和 science 嫁接起来造的一个新词，可以译成技术科学，或者技科，就是中文经常讲的“科技”。其实我们中国人比较好地把握了西方近代科学的本质。在我们中国人看来，科学最重要的是要转化为生产力，不能转化为生产力的科学就不是科学，或者说不够科学，这是自培根以来，近代科学最重要的逻辑。如果我们不面对这个逻辑，一味地讲科学与技术的区别是幼稚的。科学与技术的区别对于古典希腊科学是讲得通的，而且必须要区别开来，但是对近代科学是不容易讲通的。对力量的追求的深层根据是意志自由，所以培根的思想背后有基督教的背景。

我们再接着讲讲笛卡儿思想背后的预设。笛卡儿讲“我思”，“我在”，他似乎没有讲世界。其实它背后已经蕴含了这样一种新的世界观，用海德格尔的话说叫做“世界图景的时代”。所谓图景，是指通过观看显示出来的东西；世界图景是指，世界就是“我”的表象。叔本华有本书叫做《作为意志和表象的世界》，这个标题把一切都说得清清楚楚。他所说的“意志”，就是我们刚才讲的意志自由，是力量性科学、操作性科学的根据，而“表象”就是世界图景。“意志”和“表象”，其实是现代性这件事情的两个侧面而已。库恩曾经区分培根科学和数理科学，所谓培根科学就是要动手做，不能光靠想，最后还要有力量，有效率，培根科学导致对实验室的重视。实验室科学在希腊思想中是没有根据的，只有意志型、力量型科学才要求实验室。培根科学和实验室科学注重观察，注重实验，都是把世界作为我的对象，作为我的意志的对象。我的意志要改造世界、征服世界、利用世界，我要做事情，我要做对人类有好处的事情，按照我的想法去做事情。这种意志自由支配下诞生的科学必定不是仰望星空式的，也不是低头沉思式的，而必定是实验室的科学。

这种意志自由支配下诞生的科学必定不是仰望星空式的，也不是低头沉思式的，而必定是实验室的科学。

在西方的历史背景下出现过三种科学的形态。第一个形态是希腊的演绎科学，或者叫理性科学。第二个形态是经院哲学，经院哲学把希腊式的推理和神学教义结合在一起，是西方科学的第二个形态。第三个形态就是实验室科学，也就是培根科学。

培根科学不是单纯的观察，不是不声不响、不露声色地待在一边静静地旁观，而是把事物抓起来，放到实验室里来，按照我的意志，按照我希望达到的目标，来对它进行反复的拷问。培根说，自然界不轻易吐露自己的秘密，怎么办呢？需要你把它抓起来，放到拷问室里拷问。它不回答怎么办？你得给它点颜色看看，高温高压高浓度或者低温低压低浓度，等等。总而言之，在一种非自然的状态下，让它吐露奥秘，告诉你它的规律。所以近代的实验室科学实际上是一种关于刺激和应激反应之间稳定规律的寻求。就是试一试对它做一个动作，看它有什么反应，再把这个动作幅度做大一点，看它再有什么反应，慢慢地就形成了一套刺激—应激的反应规律。所以说实验室科学的本质就是控制论科学，他的目标都是要控制自然，要自然吐露一些可控制的秘密。近代科学的很多特征在这里得到了解释。近代科学的一个要求是必须可操作，当然可操作性也是现代社会的一般要求。比如我们经常说，你说了半天，说得天花乱坠，你告诉我怎么做吧。这就是对可操作性的要求。这种精神根深蒂固，因为来源于近代的求力意志，来源于现代人把世界看做是一个意志的对象。我的意志决定了必定用一种进攻的态势，一种斗争的意识，一种斗士的态度来面对这个世界。世界是我要用来搏斗和征服的对象。征服的方式是首先掌握自然界的刺激—应激反应规律。为了掌握这种反应规律，就需要有条理、有步骤、有计划地进行刺激，进行试验，记录下应激的情况，最后归纳总结出稳定不变的规律来。这里的条理、步骤和计划，就是所谓的方法论的程序。实际上，也就是目标和手段最佳配置的方式。不同的目标你就要设计不同的实验程序，实验程序相当于一套拷问程序，这个拷问程序取决于你究竟想得到什么。相当于你拷问犯人，你首要搞清楚你需要他回答哪方面的问题；不同的方面，你就要采用不同的拷问方案，这个拷问方案就是我们所说的实验方案。每一种实验方案都很清楚地显示出自己是物理实验、化学实验，还是生物实验，还是心理实验。

相当于你拷问犯人，你首要搞清楚你需要他回答哪方面的问题；不同的方面，你就要采用不同的拷问方案，这个拷问方案就是我们所说的实验方案。

我把培根科学描述为实验室科学，把实验室科学描述成一个拷打室。正是这样一个拷打室，培养出了人类和自然界的紧张关系。长久待在实验室里的人会培养出一颗无情之心，因为实验室内在的逻辑本身就是这样，你不可能不是这样。在实验室里，人们经常被教导，对自然不要动感情，对你的研究对象不要动感情，不要掺杂你自己的主观想象，你要尽量按我们的实验方案来。就相当于说，你拷问一个犯人，你千万不要考虑这个人挺可怜的，他好难过，他家里很穷，或者一个女孩子，弱不禁风的……你考虑多了，你就拷问不出来了。所以长久从事拷问的人容易生出对对象的无情之心，这就是实验室生活。近代人与自然之所以关系紧张，是与这方面有关系的。

大家或许说，实验室仅仅是少数科学家的事情，我们大多数人并没有做实验。其实不然。近代科学之所以看起来具有普遍有效性，原因就在于，近代社会把我们的日常生活世界改造成了一个大实验室。我们把现代称为科学时代，其内在的根据是，我们的整个社会生活、社会结构确实都已经按照实验室科学所要求的配置和结构进行了改造。你们看看我们目前所在的这个教学场所，实际上完全是按照实验室标准来建造的，麦克风、电喇叭、灯光，倒回去一百年，这些东西只有在实验室里才配备的。今天就是在我们每一个人的家里面，让一个土著和原始人来看，他也会认为进入了一个神秘的世界。我们家里面各式各样的家用电器，都表现为一个实验室，都是服务于现代高效率的生活。实验室里诞生的科学知识为什么有效，原因就在于，我们现在的整个社会全部变成了一个个的实验室。现代社会人际关系的处理、各种阶层的流动、文化的融合、新文化的创造、知识的生产，都按照类似实验室的方案去进行。现代社会科学越来越多地像自然科学那样去做研究，去搞统计，去搜集数据，去定量分析，这一切都源于现代社会本身就是一个大实验室。实验科学之所以是今天的一个普遍有效的知识，不是因为这个知识完全与文化无关，恰恰相反，是因为我们现代社会接受了实验室背后的一些文化预设，而且把它当做我们今天生活的主要模式。

我们的整个社会生活、社会结构确实都已经按照实验室科学所要求的配置和结构进行了改造。

作为意志的世界很大程度上来自基督教，而这对于我们中国人来讲是很陌生的。我们的文化并不主张一意孤行，佛教经常讲要破执，过分地张扬意志是一切苦难的根源。在我们中国的文化背景下，不可能有这样的思想动机来推动现代意义上的科学活动。

世界的图景化

世界作为表象，实际上构成了笛卡儿所说的“我思”的主要根据，也是现代科学得以可能的形而上学前提。海德格尔讲这是一个世界图景的时代，他的意思并不是说世界向我们以这种方式表现，而是说世界本身就是一个表象。因为人一旦成为中心，世界就不能不按照人来加以规定；人成为中心，世界就必然成为表象。但是，世界本来就是人的存在方式，而并不是说人是一个东西，世界是另一个东西，两者之间发生一个加法关系。你如果非要用加法的模式去想象它们两者的关系，你就会发现人和世界的边界都是不清楚的，两个东西是互相渗透的。你会发现每个人在世界上的位置并不是定域性的。诗人讲：一个人死了，他还活着，一个人活着，可他已经死了。这个话之所以不是一句胡话，原因在于人的存在的确不是一个定域性存在，他始终弥散、渗透在这个世界之中。世界的界限和世界的范围实际上是由人与世界的关系来相互规定的。

当我们今天说世界作为一个图景的时候，实际上是试图给自己和世界划定一个清晰的界限和范围。这个划定的原始动机当然是维护人的原点地位，近代所谓的人道主义和人文主义理想，都是这种人类中心主义。要维护人的原点地位，就需要把人和世界的边界划清楚。这种边界本来是不清楚的，但近代需要强行划分出来，原因是人类的意志太强了。意志太强了，要向世界开战，就要把敌人搞清楚。世界因此不能不成为一个表象，这个表象对笛卡儿来说就是能够被数学化的图景。

世界是什么？对笛卡儿来说就是那些能够被化为数学的东西。那些不能够数学化的东西，只是我脑子里的幻觉。近代科学的创始人一开始就划定第一性的与第二性的。第一性的性质被认为是真实的、客观的、独立不依的，是数学的。或者反过来说，唯有数学的才真正是客观的、独立的、真实的。那些不能被数学化的部分，就是主观的、幻觉的，存于人头脑里的并不真实的东西。这个区分表达了近代世界图景化的一个重要方面，就是通过数学化来实现图景化。

下面我们分三个方面来讲世界的图景化：第一个就是数学化，第二个就是空间化，第三个是时间化。这三个方面恰恰是我们的世界表象的最重要预设。今天的人们并不曾意识到世界的图景化，以及图景化背后的数学化、空间化、时间化其实只是现代性的预设，他们还以为自古以来人们都认同这个预设。这里面含混的东西很多，我们逐个来讲。

今天的人们并不曾意识到世界的图景化，以及图景化背后的数学化、空间化、时间化其实只是现代性的预设，他们还以为自古以来人们都认同这个预设。

先讲数学化。大家知道，把世界表达为数学化的图景并不是近代人的首创，应该说希腊人已经提出了这种可能性，但是希腊人没有达成一致。希腊的毕达戈拉斯学派主张世界是一个数学的构造，他们认为神是用数学的方式来构造这个世界的。柏拉图的《蒂迈欧篇》里把创世的过程用数学讲得很清楚。但是，希腊思想中另一个重要的分支也就是亚里士多德学派，却不同意这个主张。他认为数学固然重要，但数学不是最重要的。数学代表量的范畴，而量的范畴只是诸多范畴之一。因此他认为真正认识一个事物，不是用数学去认识它，相反，更重要的是去研究它的本质，它的实体，以及事物如何由潜能向现实转化。亚里士多德这一套东西被中世纪后期的经院哲学奉为经典，因此与后来的数学化运动格格不入。总的来说，数学化思想在希腊没有得到公认，在中世纪又受到一定程度的排斥。那么，数学化何以成为近代的一个强势运动呢？

今天，学理科的同学必须学数学，不学数学就什么事情都干不了，连文科同学也要学。原因是什么？原因是今天的世界已经数学化了，就像伽利略所说的，自然这本书是用数学的语言写成的，如果你不懂这里面的符号，你就完全读不懂这本书。自然之书需要数学来破译。但是，世界又是如何被数学化的呢？

按照亚里士多德的思想，数学的运用并不都是有效的。这一点我们普通人也很好理解。今天我们依然很难对爱情、同情等情感进行数学化的处理，因为找不到单位，不能肯定一些运算法则比如交换律、守恒律是否有效。数学运用的前提是对象的量纲化，每一种数学运算之前要有一个量纲。什么叫量纲化呢？简单说就是单位化，找到一个单位就意味着开辟了一个可计算的领域。单位没有开发出来，那个可计算领域就还没有开发出来。早期的科学家们比如笛卡儿想得很天真，他认为这个世界需要一个量纲就够了，就是空间，或者叫广延性。所以他踌躇满志地说：给我物质和运动，我就可以造出世界。他认为世界本质上就只有一个量纲，或者顶多两个，就是形状和大小；只要有形状和大小，世界就全清楚了。因此他认为只要发展出一门关于形状和大小的科学，就全搞定了。他提出了“普遍数学”的理想，他认为这样做了之后，整个科学就都出来了。后来事实表明，笛卡儿的想法太幼稚了。这个世界比他想象得复杂，至少牛顿就提出了一个新的量纲，就是质量。笛卡儿以为有了运动守恒原理，世界就都被解释了。可是我们知道，碰撞包括弹性碰撞和非弹性碰撞，对完全非弹性碰撞来说，运动是不守恒的，撞来撞去就撞没了。两个完全黏性的东西，质量一样、速度大小相等但方向相反，撞在一起速度为零，就撞没了。所以为了让世界保持活性不变，光靠这个运动守恒原理是不够的。另外还有一个问题，同样的尺寸和大小的东西，会有完全不同的运动表现。你用大小完全一样的铁块和木块撞在一起，撞完之后，运动方式是不一样的，这个很容易算出来的。但是，对笛卡儿来说，就不能解释这个差异。所以要引入质量这个新的量纲。量纲对于数学计算是前提性的。近代科学的发展可以看做是一个接一个量纲被开发出来。每当开发出来一个量纲，就开辟了一个研究领域，剩下的只是数学计算。这给我们什么启示呢？其实计算化只是表面现象，它的背后是世界的量纲化。所谓量纲化就是把世界统一化、抽象化、去质化，把质的多样性抹平。每一次数学化就是把质的差异抹平一次，就是把多样性消除一次。

每一次数学化就是把质的差异抹平一次，就是把多样性消除一次。

数学化的结果是质的差异的消失，也就是世界的意义的消失。意义世界本身是建立在质的差异之上的，质的差异的消失就导致世界本身没有意义。那怎么办呢？靠人来赋予意义，人成为世界意义的来源，而世界本身没有意义。因为世界被彻底数学化了，而每一次数学化都是一次意义的消失。对于一个生理学家来说，人体各个部位没有什么本质的差别；对于一个进化生物学家来说，人的身体和猴子的身体没有什么差别；对于一个化学家来说，人体和植物之间也没有什么根本差别；对于一个物理学家来说，为了验证自由落体运动定律，一块石头、一只猫和一朵花儿没有本质的差别。每一次可计算性和可操作领域的出现，就是把质的多样性抹平一次的过程。我们经常开玩笑说，一个胖子加一头猪等于多少？这个不是加法，不是数学，而是骂人。为什么呢？因为他消除了胖子和猪之间的本质差别。所有能加在一起的东西，都是事先被抹掉了质的差异才有可能。所以，数学化的背后是去质化，质的差异的抹平。在数学化大行其道的领域，都是质的多样性被丧失的领域。

近代数学的基本模式是建立方程，equation。“方程”这个译法是有掩盖性的，没有把“等式”的含义显示出来。近代科学以方程来统揽世界，即是以“不变性”来解释和控制世界，它宣示了世界本质上没有差别，因此，也甭想在这里找到意义，因为意义是通过差别来表现出来的。有了差异才有意义，没有差异就没有意义。人如果永远不死的话，做什么不做什么没有差别，生活也就没有意义，死成为意义的根本来源也就是这个道理，而数学化恰恰抹掉了这种差异。

世界的图景化带来的后果就是世界的去意义化，意义从此要靠我们人类来赋予，人成了意义之源，而世界本身是无意义的。今天的学生学习了现代科学之后，往往会有这样的观念，认为一棵树本身怎么会有内在价值呢？只是对我们人来说，可以打家具，乘凉，保水保湿，或者树干里面有些可以提取出来赚钱的东西，除此之外，我们还能够就树的价值说些什么呢？说不出什么。今天我们对世界的意义和价值，也根本说不出来什么，想说点什么已经很困难了。我们除了从人这里找根据之外，我们很难发现世界本身的价值。原因就在于从我们学习数学开始，就走上了一条价值消去的不归之路。越数学化，越没有价值；越数学化，越没有意义。现在凡事讲究个量化，讲究数据和计算，可是计算越多，越掩盖定性的无能。比如大家经常说的大学排名，所有的排名都是引用了一大堆数据，其实都是掩盖自己事先对这个排名的预设。我想给你排第几名，我就可以给你排第几名。看着都很客观，都是数据嘛。可是数据本身并不说话，数据本身并没有意义呀，你要从这些无意义的数据中找出意义，还原出意义来，就来源于主体的操作。你事先已经认定它是第一名，你就会设定相应的数据处理方案和权重方案，让它成为第一名。网上有网友恶搞，他列出五所大学，在数据不变的情况下，可以让任何一个学校排第一名，第二名，一直排下去。只要稍微调整一下权重结构，而每个调整好像都有道理。这样一看我们就清楚了，大学排名其实毫无意义，它掩盖的是对权重本身的“质”的判定。今天我们耳熟能详的“让数据说话吧”，其实也是自欺欺人。因为数据是不会说话的，都是你通过数据让你的意思表达出来。这就是世界的图景化带给我们的世界的去意义化、去差异化。

今天我们耳熟能详的“让数据说话吧”，其实也是自欺欺人。因为数据是不会说话的，都是你通过数据让你的意思表达出来。

第二个方面是近代世界的空间化。今天讲世界的空间化，有同义反复的感觉。在现代人看来，世界不就是空间，空间不就是世界吗？难道世界还可以不是空间，没有空间？当然不是这个意思，而是说，“空间”有它特定的含义，在这个特定的意义上，古代人的世界并不是空间化的。希腊人没有近代的空间概念，希腊人只有 topos 的概念，拓扑学的那个词根就是希腊人讲的空间概念。Topos 的意思是“位置”、“处所”。这个词的原本意义在牛顿力学里已经不大容易被理解了，因为牛顿意义上的空间是处处均匀、各向同性、空空荡荡的。但在电磁场和引力场理论中，位势处处变化的场似乎又可以帮助我们理解这个词的意思。在日常语言中还保留着“处所”这个词的本来的意思，比如说某人“位高权重”、“不在其位不谋其政”，其中的“位”就是希腊人的空间概念。我们还说“到什么山唱什么歌”，“入乡随俗”，这里面的“山”和“乡”也就是希腊人说的空间概念。但这个空间概念在现代科学的洗礼之下都没有了。现代人的空间完全是一个空的东西，对于空间中的物是完全没有作用的，是完全可入的，完全没有阻碍作用，是一个虚空，什么也没有。这带来了什么结果呢？

希腊人所说的空间是一个处处不均匀、各向不同性的东西，物体在什么“位置”就是什么东西。一个物是其所是，和空间安排是有关的。你不在你自己的位置，你就不是你自己，或者说还只是一个潜在的自己。土如果不落在地上，就不是土，只是潜在的土。这就是亚里士多德所说的一个重物总要下落的原因，这是目的论的解释。一颗种子还不是它自己，它要

土如果不落在地上，就不是土，只是潜在的土。这就是亚里士多德所说的一个重物总要下落的原因。

长成小树苗、大树之后才是自己，这就是希腊人理解的运动和变化的过程。我们经常说你别站错位置、站错队，这用的是希腊人的空间概念。我们说屁股决定脑袋，也是这个意思。你在什么位置就成为什么样的人。你一旦成为官僚，就满嘴四平八稳的话，你不这么做，就不像一个做官的。对希腊人来说，物和空间有着内在联系。空间对物有制约作用，它使一物成为该物。一个孩子，天然的空间就是在娘的怀抱里；如果不在娘的怀抱里，他就只是一个潜在的孩子，不是一个真正意义上的孩子。他有一种从潜在的孩子走向真正的孩子的动机，所以他总是要扑向母亲的怀抱。大人也是这样的，我们总要回家。回家才能成为一个真正的儿子，成为真正的父亲，成为一个真正有家室的人。家是人的一个 natural place，一个天然处所。

希腊人的空间概念被近代人的空间概念所代替，与近代世界的图景化是有关系的。这种空间的安排没有任何质的差异，这种去质化的过程就体现在空间的空虚化上。现代人通常会以为没有虚空就不会有运动，但这个想法只是一面之词，因为相互挤在一起也可以运动。笛卡儿不相信虚空，但他的世界依然可以运动，怎么运动呢？涡旋运动、转动，充满也是可以运动的。对于亚里士多德学派来说，如果空间是空的话，运动反而是不可能的。因为在完全空虚的空间里，你没有参照物，如果只有一个物体的话，运动是没有意义的。更关键的理由是，对于一个在空虚空间运动的物体来说，它不论往哪里运动，都没有区别，没有区别意味着没有理由，而运动需要理由。此前阿那克西曼德论证处在宇宙中心的地球为何静止时，他讲得很好。他说，宇宙是一个高度对称的球体，地球去哪里都不合适，按照充足理由律，它必须待在中心。近代以后，运动本身丧失了基本理由——运动不需要理由。牛顿第一定律或许可以改称运动不需要理由定律。运动不需要理由，运动的改变才需要理由，这是一个重大的改变。

近代的空间化实际上是几何化。几何化的意思就是把它均质化。空间本身没有差别，是完全空洞的，但这个空间本身提供了牛顿第一定律的必要条件。没有这样的空间化，就没有牛顿第一定律。牛顿第一定律要求，如果没有任何力的作用，匀速直线运动就得永远进行下去。这就要求空间必须是无限的，你不能到一个地方就到头了，走不下去了。第二个它必须假定空间本身是完全没有阻力的，一旦有阻力，第一定律就很难落实了。牛顿第一定律从来不是任何意义上的经验定律，实际上也可以称它是近代科学的第零定律，因为它规定了近代的世界构造。没有任何人在任何地方看到过牛顿第一定律所描绘的现象，之所以看不到是因为引力无处不在，电磁力无处不在：这个世界到处都是力，到处都是紧张状态，实际上没有真正空虚

牛顿第一定律从来不是任何意义上的经验定律，实际上也可以称它是近代科学的第零定律，因为它规定了近代的世界构造。

第一定律跟绝对空间的概念一样，是一种先验构造，它不是被推出来的，而相反是现代世界构成的第一推动。

的地方，所以第一定律不可能被看出来。第一定律跟绝对空间的概念一样，是一种先验构造，它不是被推出来的，而相反是现代世界构成的第一推动。现代世界是按照符合牛顿第一定律的方式构造出来的，所以说世界的空间化并不是从来都有的，它是近代的产物，其标志就是牛顿第一定律的出现。在牛顿那里世界被空间化、几何化不是一个偶然的现象。

现在我们讲，爱因斯坦革命了，牛顿的绝对空间没有价值。仔细研究并非如此。爱因斯坦确实拒绝了绝对空间这个东西，但是他为什么拒绝呢？狭义相对论之所以出现，是基于一个基本的哲学预设，就是任何物理概念都应该原则上具有操作意义。为什么这个预设这么重要？爱因斯坦没有解释，而且后来他也并不特别坚持这个预设。但这个预设被广泛地接受是事实，因为这是现代科学的非常重要的品格。刚才我们讲了，培根科学要求必须有可操作性，用操作方案把它表达出来。爱因斯坦发现，在牛顿那里，“同时性”没有操作性定义。我没有办法告诉你相距遥远的两个地方如何定义“同时性”，要定义有操作性就需要光，而光速又是有限的，因此“同时性”是相对的。狭义相对论就这么出来的，就这么简单，它是基于培根科学的原则搞出来的。但是爱因斯坦的狭义相对论不过是把不可操作性的难题挪了一下而已。固然可以说绝对空间概念不可操作，但光速不变原理就可操作吗？单程光速不变本身并不能用任何操作性实验得到证实，为了证明光速不变必须假定光速不变。要测量光速，就要先定两边的同时性，不定同时性，就不知道光从 A 点到 B 点需要多长时间，而为了确定同时性，就需要对钟，对钟就需要光。所以测量单程光速是一个不能被付诸操作的方案。所以说爱因斯坦在操作性原则的要求之下搞出了狭义相对论，但是并没有消除基本物理概念的不可操作性这一现实，从这个意义上讲，他并没有真的把牛顿打倒。

爱因斯坦在操作性原则的要求之下搞出了狭义相对论，但是并没有消除基本物理概念的不可操作性这一现实，从这个意义上讲，他并没有真的把牛顿打倒。

我们可以从另外一个角度来讲一讲，绝对空间概念根本就不是一个需要诉诸操作的概念。这就是康德的思路。康德在追问知识的先决条件时发现，我们需要一个先验空间作为我们的感性形式，从而获得稳定的感性材料。在空间的变换过程中，我们的经验要保持稳定不变。比如说我们在北京做了个实验，通常我们假定这个实验在上海也是有效的，不然的话，科学知识就是不可能的。这就要求空间必须是均匀的，空间本身对实验不产生任何本质性的影响。所以实验的可重复性实际上是建立在时间和空间的均匀性之上的，如果空间不均匀，那么我们的科学知识就无法建构。这种均匀的空间来自哪里呢？康德称之为“先天感性形式”。这是个先天的条件，如果没有这个条件，知识就产生不出来。现在有了知识，反推就一定有这个先天条件。这就是康德说的空间作为先验感性形式的来历。这个先验时空，从某种意义上讲，跟牛顿主张的绝对时空道理是完全一样的。也就是说，科学知识必须建立在某种不变性基础之上。从这个意义上说，爱因斯坦只是拒绝了牛顿的绝对时空，但并没有拒绝绝对不变性；他只不过是将绝对时空中的绝对性挪动到了光速不变，挪到这个四维空间的不变之上。在相对论看来，三维空间和一维时间单独看来是相对可变的，但四维时空依然保持某种不变性。所以我们看到，空间性作为近代科学的基本背景，它背后蕴含着一个形而上学的预设，即对不变性的预设。你不能说因为有了相对论，这个不变性预设就被推翻了，并非如此。

空洞的空间还蕴含了一个必然性，即这个世界必然是无限的，因为不能设想一个空洞的世界有一个边界。近代布鲁诺论证宇宙是无限的时候，他已经先假定世界是空的。只要假定世界是空的，就必然推出世界是无限的。如果你假定世界是充实的，就必然会推出世界是有限的。空的世界本身蕴含着无限性，而这个无限性恰恰是现代社会之所以滚雪球似的无穷发展的一个世界观基础。这个基础就是"没完没了"。"没完没了"意味着什么呢？就是我们人类今天这样一种荒谬的境地，就是我们不知道我们的目的在哪里。目的的英文就是 end，也是"终点"的意思。每个人知道自己的终点在哪里，意味着你的目的十分清楚。但是现在人类生活在一个空的无限的空间之中，所以我们不知道我们人生的最终目的在哪儿。近代的世界

现在人类生活在一个空的无限的空间之中，所以我们不知道我们人生的最终目的在哪儿。

观是建立在无目的性基础之上的，最典型的一个是进化论。进化是没有目的的，宇宙更不用说了，完全没有目的，所以，在这样一个无目的的意义废墟之中，我们就再也难以建立一个人生观了。如果非要建立的话，就会像科玄论战时的吴稚晖先生所说的：科学的人生观就是漆黑一团的人生观，就是尔虞我诈的人生观。因为在空间的空洞化过程中，我们丧失了人生的终点。希腊人看得很清楚，每一个运动都是有终点的，终点是什么呢？就是那个 natural place（天然位置）。回到你的天然位置，你就到头了，你就圆满了，你就实现自我了。整个世界上的事物，都是按这样的方式被牵引出来。而现代，运动变成了一个 endless 的过程，我们做匀速直线运动，没完没了地走，让人很恐惧，帕斯卡式的恐惧。这种宇宙性恐惧，或者叫做宇宙论恐惧，就是像帕斯卡讲的：我一想到无限，我就禁不住浑身打颤，就恐惧，因为它没完没了啊。这就是空间化造成的一个根本的问题。这是我们讲的世界观转变的第二个方面：世界作为表象也就是世界的空间化。

世界观转变的第三个方面是世界的时间化。跟空间问题一样，人们也很容易产生疑惑：时间难道不是自古就是世界的尺度吗？非也！时间作为世界的尺度，作为世界的一维，这完全是现代性的产物。在传统社会，时间是通过人的活动被规定出来的，如果你不活动，就没有时间。所以说古代人是悠闲的、

时间作为世界的尺度，作为世界的一维，这完全是现代性的产物。

安详的，没有一个外在的、客观的时间在紧逼着我们。现代人正好相反，现代人的活动是根据时间来规定的，而不是相反。我们经常开玩笑说，你现在要吃饭，不是因为你饿了，而是因为时间到了；你现在要睡觉，不是因为你困了，是因为时间到了；现在我们开始上课，不是因为大家读书热情高涨，而是因为时间到了。在现代社会，时间发生的一个根本的改变是：它是支配生活的，而不是被生活支配的。这一切是如何发生的呢？

希腊人不是一个对时间很敏感的民族，在希腊人的世界概念里，时间的地位并不很高。柏拉图说时间就是天球的运动。这反映了当时的时间确实是按照运动来规定的，而且甚至把时间就看成了运动本身。这个在今天听起来似乎有些不可思议。我们当然认为时间比运动更根本，没有时间，哪有运动！可是希腊人把它倒过来。后来亚里士多德说用运动着的天球表示时间不合适，于是改成天球运动的数目。经典的两个定义，都是按照天球的运动来定义的。可见，时间并没有成为一切事物的存在方式。总的来说，希腊人对时间并不很重视，不重视的一个重要原因是他们认为时间是循环的。苏格拉底说灵魂是不死的，人处在轮回之中。

现代人的时间概念来自两个传统。一个是犹太人所谓的单向时间观，基督教继承了这个单向、线性、有始有终的时间观念；这种时间是有限的，不是循环的。这个思想对现代影响很大，比如马克思主义的历史发展观可以说是一个准基督教式的发展观，到了共产主义，就基本上相当于发展到了最高峰。第二个是基督教对于时间普适性的强调。现代的时间是普适性的时间。本来时间是局域化、地方性的。农民是根据自己的庄稼的成熟期来制定自己的时间尺度，牧民是根据羊羔怀孕、生产的这个节奏来安排自己生活。各民族都是按照自己的生活方式、自己的生产劳动来安排自己的时间节奏。现代社会则不一样了，现在社会造就了一个普适的时间，这个普适的时间是独立于一切社会活动之外的。这个时间就使得现代人出了很多问题。如果睡着了就没时间，我们就会心安理得地睡觉。可现在时间在你睡着和醒着的时候都在均匀地流逝，于是现代人就不容易睡着了，因为时间的流逝让人着急。工业社会之所以造就这样一种快节奏的生活，首先是因为时间的观念发生了改变。时间观念一旦改变，一切都随之而改。现代工业社会和现代大工业的一个基本概念是"效率"，这个词是很晚才出现的，是指单位时间内做的功。做功是一回事，关键要制定个单位时间，而单位时间是由钟表决定的。因此技术史家就讲，工业时代的关键机器不是蒸汽机，而是钟表。

钟表成了我们这个时代一个重要的参照物，这个参照物早期是通过教堂来提供的。欧洲的教堂是一个村子或一个镇上最高的建筑，那个教堂顶上浩荡的钟声宣告了基督教世界的统一性，在时间意义上的统一性。后来通过商人集团、商业社会，再以后通过天文台，通过天文学，通过物理学，确立了时间的统一性。最后，通过手表戴到每个人的手上。开个玩笑说，每只手表就相当于孙悟空头上那个金箍儿，只不过孙悟空的那个东西是唐僧骗他戴上的，而我们是高兴地自己花钱买来戴在手上的。这个时间规定了我们现代社会的一个基本运转模式。时间在伽利略以前根本不是描述自然界的一个必需的参数。在亚里士多德那里时间也基本上没有什么运动学意义，描述运动不需要通过时间，这就是为什么亚里士多德的那个运动只有快慢之说，没有快多少慢多少的问题。因为时间根本就不是描述自然的一个基本参数。时间成为世界的存在方式这个预设，实际上是伴随着钟表业、大工业、现代性和基督教等非常复杂的因素给编织出来的。通过伽利略这个重要的环节，它变成了描述物理世界的一个基本参数，从此以后，时间空间才成为现代社会的一个基本参照系。到了康德之后，现代人一谈到“事物”就要首先问它是不是能够在时间和空间中定位。不能在时间和空间中定位的东西不是东西。比如说，鬼就不是东西，我们不可能建立起鬼的物理学，原因就是鬼没法在时空中定位，它飘飘忽忽的——如果有鬼的话，也不知道什么时候出现，两个鬼还可以同时坐一个位置，这都不是现代的“物”的规定性所能容许的。物的特点就是不可入性，它必须在给定的时间只占据一个空间位置，它不能在给定的时间占据两个空间位置，否则就是有鬼了。到量子力学的时候确实就出问题了，确实见鬼了，因为定域性遭到了破坏。也有人开玩笑说，量子力学就是一门鬼的物理学。

总而言之，时间空间不是一个向来就成为世界的基本参照系的东西，它是到了近代之后才如此的，是伽利略首先在物理世界中引入了时间概念。伽利略关于单摆的等时性以及自由落体下落的研究，都是他先用脉搏后用水漏来计算的。他首次把时间的计量与运动的定量化研究关联起来，同时开创了所谓的实验物理学。时间成为世界的一个基本维度并不是从来就如此的，也没有任何必然性要求我们这样做。只有在近代欧洲这样机缘巧合的条件下才做到了这一点，其中钟表的诞生是一个关键的因素。其实，钟表的机械部分来自中国，苏颂的水运浑象仪已经包括了机械钟表的核心内容；它实际上不是水钟，水只是动力，它是个机械钟。这个机械技术传到欧洲，促成了欧洲钟表的出现。但是中国没有产生钟表的文化背景，没有把钟表变为世界构造的样式的文化背景。所以，苏颂的那个仪器始终是皇室的一个礼器，而没有成为戴在我们每个人手上的东西，成为规范我们现代生活的一个东西。

我们讲到了近代科学的基督教背景和世界观变革的背景，

目的就是要说明近代科学并不是凭空产生的，它是有文化依赖，有先验预设的。这些预设，我们至少可以概括出两个方面。第一个方面我们称为基督教背景下的关于意志自由的崭新预设，关于人的地位的崭新预设，关于创世观念的崭新预设，没有这些观念，就没有机械自然观，就没有培根科学，没有实验科学，就没有征服自然、改造自然的人类中心主义理想，以及人和自然的明确划界。第二个方面就是世界的图景化，世界的图景化是以数学化、空间化、时间化为表征的。在每一个表征的背后，都蕴含着一大堆的历史内容，这些内容对于我们理解现代科学是必要的。

我们知道了这些预设，我们就知道了近代科学并不能够产生于一切民族之中。我们现代中国人接受科学，是因为纯粹技术的力量迫使我们这么做，但是我们对于近代科学背后的那些形而上学前提和预设并没有足够的反省，没有这些反省，必定会妨碍我们对现代科学有真正的理解。今天我只是提出了一些理解的框架和线索，供大家参考。谢谢大家。

图书在版编目（CIP）数据

技术哲学讲演录/吴国盛著. —北京：中国人民大学出版社，2016.10
ISBN 978-7-300-23231-7

Ⅰ. ①技… Ⅱ. ①吴… Ⅲ. ①技术哲学 Ⅳ. ①N02

中国版本图书馆 CIP 数据核字（2016）第 186334 号

技术哲学讲演录
吴国盛 著
Jishu Zhexue Jiangyanlu

出版发行	中国人民大学出版社		
社　　址	北京中关村大街 31 号	**邮政编码**	100080
电　　话	010－62511242（总编室）		010－62511770（质管部）
	010－82501766（邮购部）		010－62514148（门市部）
	010－62515195（发行公司）		010－62515275（盗版举报）
网　　址	http://www.crup.com.cn		
经　　销	新华书店		
印　　刷	涿州市星河印刷有限公司		
规　　格	148 mm×210 mm　32 开本	**版　　次**	2016 年 10 月第 1 版
印　　张	8.25 插页 2	**印　　次**	2021 年 10 月第 2 次印刷
字　　数	145 000	**定　　价**	38.00 元